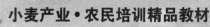小麦产业·农民培训精品教材

小麦规模生产
与病虫草害防治技术

◎ 马艳红　　王晓凤　　毛喜存　主编

中国农业科学技术出版社

图书在版编目（CIP）数据

小麦规模生产与病虫草害防治技术／马艳红，王晓凤，毛喜存主编．
—北京：中国农业科学技术出版社，2018.6

ISBN 978-7-5116-3735-2

Ⅰ.①小…　Ⅱ.①马…②王…③毛…　Ⅲ.①小麦-栽培技术②小麦-病虫害防治　Ⅳ.①S512.1②S435.12

中国版本图书馆 CIP 数据核字（2018）第 122416 号

责任编辑	白姗姗
责任校对	马广洋

出　版　者　中国农业科学技术出版社
　　　　　　北京市中关村南大街 12 号　邮编：100081
电　　　话　(010)82106638(编辑室)　　(010)82109702(发行部)
　　　　　　(010)82109709(读者服务部)
传　　　真　(010)82106650
网　　　址　http://www.castp.cn
经　销　者　各地新华书店
印　刷　者　北京富泰印刷有限责任公司
开　　　本　850mm×1 168mm　1/32
印　　　张　5.375
字　　　数　140 千字
版　　　次　2018 年 6 月第 1 版　2018 年 6 月第 1 次印刷
定　　　价　33.90 元

《小麦规模生产与病虫草害防治技术》
编委会

前　言

随着对小麦品种选育和生产重视意识的不断加强，小麦种植面积不断扩大，有效地缓解了国内优质专用小麦的供需矛盾。本书共十二章，包括小麦的生物学基础、播前准备、播种、小麦苗期生产管理、小麦返青期生产管理、小麦中期生产管理、小麦后期生产管理、优质强筋弱筋小麦生产技术、旱地小麦生产技术、小麦病虫草害及防治、小麦自然灾害及预防措施、小麦收获贮藏与秸秆处理等内容。

本书重点介绍了小麦生产与病虫草害防治的基础知识。书中语言通俗易懂，技术深入浅出，实用性强，适合广大农民、基层农技人员学习参考。

编　者

2018 年 5 月

目　　录

第一章　小麦的生物学基础 ……………………………… （1）

　第一节　小麦的生育周期 ………………………………… （1）

　第二节　小麦的阶段发育 ………………………………… （2）

　第三节　种子的萌发与出苗 ……………………………… （4）

　第四节　小麦各器官的构造和作用 ……………………… （5）

　第五节　小麦生长发育的环境 …………………………… （8）

第二章　播前准备 …………………………………………… （10）

　第一节　耕作整地 ………………………………………… （10）

　第二节　选用优良品种 …………………………………… （11）

　第三节　种子准备 ………………………………………… （14）

　第四节　机械准备 ………………………………………… （15）

第三章　播　种 ……………………………………………… （16）

　第一节　播　期 …………………………………………… （16）

　第二节　播　量 …………………………………………… （18）

　第三节　种植方式 ………………………………………… （20）

　第四节　播　深 …………………………………………… （23）

　第五节　巧施种肥 ………………………………………… （24）

　第六节　播后镇压 ………………………………………… （26）

　第七节　提高播种质量 …………………………………… （28）

　第八节　整修水渠 ………………………………………… （29）

第四章　小麦苗期生产管理 ………………………………… （30）

　第一节　查苗补种，确保苗全、苗匀 …………………… （30）

第二节 压倒针 …………………………………… （31）

第三节 做好病虫害的预防和防治工作 ………… （31）

第四节 化学除草 …………………………………… （31）

第五节 中耕松土与镇压 ………………………… （32）

第六节 适时冬灌，保苗安全越冬 ……………… （33）

第七节 追好分蘖肥 ……………………………… （34）

第八节 禁止啃青 ………………………………… （35）

第九节 因苗管理 ………………………………… （35）

第十节 越冬死苗的原因与预防 ………………… （39）

第五章 小麦返青期生产管理 …………………… （44）

第一节 划锄松土 ………………………………… （44）

第二节 科学施肥 ………………………………… （44）

第三节 浇返青水 ………………………………… （45）

第四节 麦田杂草和病虫综合防治 ……………… （46）

第五节 揭被清垄 ………………………………… （46）

第六节 预防"倒春寒"和晚霜冻害 …………… （47）

第七节 化控缩节 ………………………………… （49）

第六章 小麦中期生产管理 ……………………… （50）

第一节 合理运用肥水 …………………………… （50）

第二节 中耕松土 ………………………………… （51）

第三节 预防晚霜冻害和低温冷寒 ……………… （51）

第四节 防治病虫害 ……………………………… （51）

第七章 小麦后期生产管理 ……………………… （53）

第一节 浇好灌浆水 ……………………………… （53）

第二节 小麦"一喷三防"技术 ………………… （54）

第三节 小麦倒伏及防倒措施 …………………… （55）

第四节 根外追肥 ………………………………… （57）

第五节 病虫害防治 ……………………………… （57）

第八章　优质强筋、弱筋小麦生产技术 ·············（59）

　第一节　强筋小麦生产技术 ·················（59）

　第二节　弱筋小麦生产技术 ·················（70）

第九章　旱地小麦生产技术 ···················（72）

　第一节　旱地小麦的生育特点 ···············（72）

　第二节　旱地小麦抗旱生产技术 ·············（73）

第十章　小麦病虫草害及防治 ·················（78）

　第一节　小麦病害及防治 ·················（78）

　第二节　小麦虫害及防治 ·················（98）

　第三节　小麦草害及防治 ················（122）

第十一章　小麦气象灾害及预防措施 ···········（138）

　第一节　小麦冻害及其预防 ···············（138）

　第二节　干热风灾害 ·················（141）

　第三节　干旱灾害 ···················（143）

　第四节　小麦风雹灾害及其预防 ·············（145）

　第五节　小麦渍害及其防治 ···············（149）

第十二章　小麦收获贮藏与秸秆处理 ···········（153）

　第一节　小麦产量预测 ·················（153）

　第二节　适时收获与秸秆处理 ·············（155）

　第三节　安全贮藏 ···················（156）

主要参考文献 ·······················（159）

第一章 小麦的生物学基础

第一节 小麦的生育周期

小麦从种子萌发、出苗、生根、长叶、拔节、孕穗、抽穗、开花、结实，经过一系列生长发育过程，到产生新的种子，即完成一个生育周期。从播种到成熟需要的天数叫生育期。冬小麦的生育期一般在 220~230 天。

小麦主要特征出现的日期叫做小麦的生育时期。一般分为 13 个生育时期。

出苗期：田间半数以上幼苗露出地面 2cm 的日期。

三叶期：田间半数以上麦苗第三真叶露出 1cm 的日期。

分蘖始期：田间半数以上第一分蘖露出叶鞘或胚芽鞘 1cm 的日期。

越冬期：从越冬始期到第二年气温回升至 3℃麦苗开始生长这段时间的长短，用天数表示。其中，越冬始期是指冬前日均温降至 3℃、麦苗地上部生长基本停止的日期。

返青期：田间半数以上麦苗心叶长出 1cm 或跨年度生长的叶片新长 1cm、叶色由暗绿转为青绿的日期。

起身期：田间半数以上麦苗由匍匐状转为直立向上生长、主茎第一节间伸长 0.2cm 以上的日期。

拔节期：田间半数以上麦苗主茎第一节间伸长 1.5~2.0cm 的日期。

挑旗期：田间半数以上主茎或分蘖旗叶叶片完全伸出叶鞘的日期。

抽穗期：田间半数以上麦穗的顶端小穗（不计芒）露出叶鞘或半个麦穗从剑叶叶鞘一侧露出的日期。

开花期：田间半数以上麦穗的中部小穗开花的日期。

灌浆期：从灌浆始期到灌浆终止期所经历的天数。其中灌浆始期是指田间半数以上麦穗中部小穗的小花受精后干物质开始积累之日期。

成熟期：植株茎叶变黄，籽粒变硬，干物质积累达最大值，并已呈现出本品种固有特征的日期。

收获期：田间小麦收获时的日期。

第二节 小麦的阶段发育

一、小麦的生育阶段

根据小麦器官形成的特点，可将几个连续的生育时期合并为某一生长阶段。一般可分为 3 个生长阶段。

（1）苗期阶段。从出苗到起身期。主要进行营养生长，即以长根、长叶和分蘖为主。

（2）中期阶段。从起身至开花期。这是营养生长与生殖生长并进阶段，既有根、茎、叶的生长，又有麦穗分化发育。

（3）后期阶段。从开花至成熟期。也称籽粒形成阶段，以生殖生长为主。

二、小麦的阶段发育

小麦从种子萌发到成熟的一生中，必须经过几个循序渐进的质变阶段，才能开花结实，这种阶段性质变的过程称为小麦的阶段发育，包括春化阶段和光照阶段。

（1）春化阶段。在适宜的外界环境条件下，萌动的种子必须经过一定时间和程度的低温过程才能正常抽穗、结实。如果一直处在较高的温度条件下，则一直处于扎根、长叶和分蘖状态的营养生长阶段，不能形成结实器官。小麦的这种以低温为主导因素的发育阶段就称为春化阶段或感温阶段。

根据小麦品种通过春化阶段对温度要求的高低及持续时间的长短，把其分为3种类型。一是冬性品种。这类品种对低温要求严格，需在0~3℃下35天以上才能通过春化阶段。不通过春化处理，不能抽穗、结实。二是春性品种。这类品种对低温要求不严格，一般在0~12℃，经过5~15天即可通过春化阶段，但不经低温春化也能正常抽穗。三是半冬性品种。这类品种对低温要求介于冬性品种与春性品种之间，通过春化阶段要求的温度为0~7℃，时间为15~35天。不通过春化处理，春播时不能抽穗或抽穗不整齐。

（2）光照阶段。小麦通过春化阶段以后，在适宜的温、水、养、气等综合外界环境条件下，其幼苗的茎生长点对每天的光照时数和光照持续日数的多少反应特别敏感，光照时数较少或光照持续日数不足，不能抽穗、结实；反之，则可加速抽穗、结实。

这种以光照为主导因素的发育阶段就称为光照阶段或感光阶段。

根据小麦品种通过光照阶段对每日光照时间长短及光照持续日数的要求，把其分为3种类型：一是反应敏感型品种。每日光照时数12小时以上、持续30~40天才能通过光照阶段。冬性品种和北方春播的春性品种属于这种类型。二是反应中等型品种。每日光照时数12小时、持续25天左右才通过光照阶段。在每日8小时光照条件下，不能正常抽穗、结实。一般半冬性品种大多属于此类。三是反应迟钝型品种。每日8~12小时日照，经16天左右即可通过光照阶段而抽穗。一般南方麦区的春性品种属于此类。

第三节　种子的萌发与出苗

一、种子的萌发过程

小麦种子在度过休眠、完成后熟作用之后，在适宜的水分、氧气和温度条件下，便可发芽生长。

小麦种子萌发的内部外部变化经历3个过程。

（一）吸水膨胀过程

构成小麦种子的主要成分淀粉、脂肪、蛋白质和纤维素大都是亲水胶体，在干燥的情况下而成凝胶状态。当水分较多时，水分由纤维素组成的种皮渗入种子内部的胶体网状结构中，逐渐使凝胶状态变为溶胶状态，体积也随之增大，这个过程叫作"种子的吸水膨胀过程"。种子的吸水膨胀是小麦生长发育的第一个重要生命现象。

（二）物质转化过程

随着种子吸水的增加，亲水胶体网状结构之间产生游离水分，呼吸作用逐渐增强。伴随着种子呼吸作用加强，种子内各种酶类也开始活动。例如，在淀粉酶的作用下，淀粉逐渐被分解为葡萄糖等，是供给种子萌发的主要能量来源。随着种子的膨胀萌发，蛋白质、脂肪、纤维素等也都在酶的作用下转化为可溶性的含氮化合物。这样，复杂的有机物就逐渐转化为胚所能吸收利用的简单物质，从而促使了胚的萌动。

（三）生物学过程

当种子吸水达到本身干重的45%～50%时开始萌发。胚根鞘首先突破种皮而萌发，称为"露嘴"，接着胚芽鞘破皮而出。当胚芽达到种子的一半，胚根长约与种子等长时，称为"发芽"。

二、胚的生长与出苗

种子萌发后，胚芽鞘向上伸长顶出地表，称为"出土"。胚芽鞘见光后停止生长，接着从胚芽鞘中长出第 1 片绿叶，当第 1 片绿叶伸出胚芽鞘 2cm 时称为"出苗"；田间有 50%苗达到上述标准时为"出苗期"。当第 1 片绿叶达到正常大小时，胚芽鞘就皱缩死亡。

小麦的第 1 片绿叶在形态上与其他叶片不同，上下宽窄相近，顶端较钝，叶片较小而厚，叶脉明显，叶鞘较短。第 1 片绿叶出现的早晚与大小，在生产上有重要的意义。实验证明，第 1 片绿叶出现较早，面积较大，它所制造的营养物质就多，幼苗的根与其他部分的生长也好，对形成壮苗有良好的作用。

第 2 片绿叶生长的同时，胚芽鞘和第 1 片绿叶之间的节间伸长，将第 1 片绿叶以上几个节和生长点推到近地表处，这段伸长的节间叫地中茎，地中茎的长短与品种和播种深度有密切关系，播种过深，地中茎过长消耗种子养分过多，所以，出苗也弱。

第四节　小麦各器官的构造和作用

一、根

小麦的根是由胚根和节根组成的。胚根也称作种子根、初生根。一棵幼苗通常有胚根 3~5 条，最多可达 7 条。大粒种子胚根多，小粒种子胚根少。当第一片绿叶出现以后，就不再生新的胚根了。节根也称永久根、次生根。当麦苗生出 2~3 片绿叶的时候，节根就从茎基部的节上长出来。小麦的分蘖多，节根也比较多。根系一般入土 100~130cm，最深的可达 2m。

小麦根可以从土壤中吸取水分和养分，并运送到茎叶中，进行体内有机物质的合成和转化，源源不断地供给小麦生长发育的需要。

二、茎

小麦是成丛生长的，有一个主茎和几个侧茎（也称分蘖）。小麦的茎秆分为地上和地下两部分，地下节间不伸长，构成分蘖节，地上节间伸长，一般有 4~6 个节间。

茎可以使水分和溶解在水里的矿物质养分从根部通过茎部的导管由下而上流向叶子和穗部；把叶片光合作用制造的有机营养物质，通过茎部筛管运输到根和穗子。小麦的茎又是支持器官，使叶片有规律地分布，以充分接受阳光，进行光合作用。此外，茎还可以贮藏养分，供小麦后期灌浆之用。

三、分蘖

在正常情况下，出苗到分蘖约需 15 天。分蘖的发生是有一定次序的：当小麦长出 3 片真叶时，首先从胚芽鞘腋间长出分蘖，称胚芽鞘分蘖。第 4 片叶出现时，主茎第 1 片叶腋芽伸长形成分蘖称分蘖节分蘖，也称一级分蘖。当一级分蘖长出 3 片叶时，在其鞘叶腋间长出分蘖称二级分蘖，若条件适宜，还可长出三级分蘖。小麦的分蘖不是都能抽穗结实的。凡能抽穗结实的称有效分蘖，一般年前发生较早的分蘖属有效分蘖；不能抽穗结实的分蘖称无效分蘖。一般年后生出的分蘖属无效分蘖。

小麦分蘖有二次高峰：第一次在年前，一般在 10 月下旬进入第一次分蘖高峰，历时约 20 天；第二次高峰在第二年返青后至起身期。小麦起身后，分蘖逐渐停止，并出现两极分化，大的、壮的分蘖成穗；小的、弱的逐渐死亡。

四、叶

小麦的叶共 12～13 片，入冬前一般长出 6～7 片，年后茎秆上一般有 6 片。叶的形状像带子，有平行脉。拔节以后长出的叶片比较宽大，还有明显的叶鞘，紧包在节间外面。叶鞘和叶片相连处的薄膜叫叶舌，两旁还有叶耳紧包着茎秆。

叶是小麦植株制造有机养料的主要器官。叶片中有叶绿体，它能利用太阳光能，通过光合作用把水和二氧化碳制造成有机物，并放出氧气。

五、穗

每个麦穗由许多小穗组成。小穗一般分左右两排。一个麦穗有 12～20 个小穗。因此，一个麦穗是一个复穗状花序。通常情况下，麦穗上的小穗数目越多，产量就越高。

六、花

每个小穗可以生长 3～7 朵花。每朵花外面包着两个硬壳，扣在外面的称外颖，套在里面的称内颖。轻轻地剥掉外颖，就露出两个鳞被（也称浆片），里面还有 3 个雄蕊和一个雌蕊。雌蕊经授粉受精后，子房就结成果实，这就是小麦的籽粒。

七、种子

小麦的种子表面有果皮和种皮联合在一起。麦粒里面绝大部分是白色粉状胚乳，是小麦的主要贮藏物质。小麦种子成熟后，有一段休眠期。一般白皮种子休眠期短，红皮种子休眠期长。在休眠期里种子要完成后熟过程，以后在适宜的温度、水分和氧气条件下，才能发芽生长。

第五节 小麦生长发育的环境

土壤、水分、养分、温度、光照和空气是小麦生长发育必需的环境条件。要取得小麦高产，一方面应因地制宜地选用优良品种，另一方面要通过田间管理创造适宜小麦生长发育的环境条件。

一、土壤

最适宜小麦生长的土壤，应该是熟土层厚、结构良好、有机质丰富、养分全面、氮磷平衡、保水保肥力强、通透性好。此外，还要求土地平整，排灌自如。

二、水分

小麦各生育时期的耗水情况特点：一是播种后至拔节前，耗水量占全生育期耗水量的35%~40%，每亩日平均耗水量为0.4m³左右。二是拔节到抽穗，25~30天时间内耗水量占总耗水量的20%~25%，每亩日耗水量为2.2~3.4m³。此期是小麦需水的临界期。三是抽穗到成熟，35~40天，耗水量占总耗水量26%~42%，日耗水量比前一段略有增加。尤其是在抽穗前后，茎叶生长迅速，绿色面积达一生最大值，日耗水量约4m³。

三、养分

中低产麦田一般缺氮少磷，生产中必须注意补充，而钾素除高产田、沙土地外，一般不缺。氮素能够促进小麦茎叶和分蘖的生长，增加植株绿色面积，加强光合作用和营养物质的积累。磷素可以促进根系的发育，促使早分蘖，提高小麦抗旱、抗寒能力，还能加快灌浆过程，使小麦粒多、粒饱，提早成熟。钾素能提高小麦抗寒、抗旱和抗病能力，促进茎秆粗壮，提高抗倒伏能力，提高小麦的品质。其他元素对小麦生长发育也有重要作用，不足时都会影响小麦的生长。如缺钙会使根系生长停止；缺镁造成生育期推迟；缺铁会使叶片失绿；缺硼会使生殖器官发育受阻；缺锌、铜、钼则植株矮小、白化甚至死亡。

四、温度

小麦的生长发育在不同阶段有不同的适宜温度范围。小麦种子发芽出苗的最适温度是15~20℃；小麦根系生长的最适温度为16~20℃，最低温度为2℃，超过30℃则受到抑制。温度是影响小麦分蘖生长的重要因素，在2~4℃时开始分蘖生长，最适温度为13~18℃，高于18℃分蘖生长减慢。小麦茎秆一般在10℃以上开始伸长，在12~16℃形成短矮粗壮的茎，高于20℃易徒长，茎秆软弱，容易倒伏。小麦灌浆期的适宜温度为20~22℃；如干热风多，日平均温度高于25℃以上时，因失水过快，灌浆过程缩短，使籽粒重量降低。

五、光照

光照充足能促进新器官的形成，分蘖增多；从拔节到抽穗期间，日照时间长，就可以正常地抽穗、开花；开花、灌浆期间，充足的光照能保证小麦正常开花授粉，促进灌浆成熟。

第二章　播前准备

第一节　耕作整地

小麦生产要达到高产稳产，必须要具有一个良好的土壤环境。耕翻整地质量直接影响小麦播种质量和幼苗生长。通过耕翻整地可以改良土壤结构，增强土壤蓄水性能，提高土壤供肥能力，从而促进小麦生长发育，有利于培育壮苗。良好的整地质量有利于培育早、全、齐、匀的壮苗。高产小麦要求深耕细整，达到耕层深厚，结构良好，有机质丰富，养分协调，土碎地平，上虚下实，水、肥、气、热协调。耕翻整地是小麦生产的基本技术环节之一，也是其他技术措施发挥增产潜力的基础。

麦田的耕作整地一般包括深耕和播前整地两个环节。深耕可以加深耕作层，有利于小麦根系下扎，增加土壤通气性，提高蓄水保肥能力，协调水、肥、气、热，提高土壤微生物活性，促进养分分解，保证小麦播后正常生长。一般耕地深度为 20~25cm。播前整地可起到平整地表、破除板结、匀墒保墒、深施肥料等作用，是保证播种质量，达到苗全、苗匀、苗齐、苗壮的基础。耕作整地因小麦栽培类型不同有所区别。

水浇地一般复种指数高，多为一年两作或两年三作。一年两作收获后种麦农时紧张，要在较短的时间内完成深耕、施肥、播种前整地 3 个环节。因此，应在前茬作物收获前尽量加强对前茬作物的管理，促进早熟，并力争在前茬收获前 1 周浇好穿茬水，前茬收获后立即撒肥深耕，及时耙耱整地。两年三作的麦田前茬作物收获较早，耕作整地时间较为充足，应在前茬作物收获后立即浅耕灭茬保墒，施足基肥，遇雨深耕，无雨要先浇底墒水后在宜耕期适时进行深耕，耕后耙耱，以后遇雨都要及时耙耱收墒。

北方旱地小麦，在年降水量为600mm以上的地区，多为一年两作或两年三作区，耕作整地与水浇地基本相同，但要注意前茬作物生长期间及收获以后的保墒技术。在年降水量为500mm左右的地区，多为一年一作的休闲半休闲的麦田耕作制。麦收后正值雨季来临，要紧紧围绕夏季降水进行耕作。一般在麦收后立即浅耕灭茬打破表土板结层，待第一次透雨时，趁雨深耕，有利于接纳雨水。为了达到纳雨与保墒的双重目的，可以在雨季的每次降水之后都进行粗犁，也可以用小型圆盘耙耙地。对联合收割机收获留高茬的麦田，麦收后要用灭茬机灭茬麦秸覆盖，其纳雨蓄墒效果更好。在雨季过后的8月中下旬，要结合施基肥进行深翻，耕后进行精细耙耱整地，达到既松土又保墒的目的。

第二节 选用优良品种

一、小麦生产的良种选用原则

良种是小麦生产最基本的生产资料之一，包括优良品种和优良种子两个方面。使用高质量良种是使小麦生产达到高产、稳产、优质和高效目标的重要手段。优良品种是在一定自然条件和生产条件下，能够发挥品种产量和品质潜力的种子，当自然条件和生产条件改变了，优良品种也要做相应的改变。选用良种必须根据品种特性、自然条件和生产水平，因地制宜。既要考虑品种的丰产性、抗逆性和适应性，又要防止用种的单一性。一般在品种布局上，应选用2~3个品种，以一个品种为主（当家品种），其他品种搭配种植，这样既可以防止因自然灾害而造成的损失，又便于调剂劳力和安排农活。选用小麦良种应做到以下五点。

第一，根据当地的气候生态条件，选用生长发育特性适合当地条件的品种，避免春性过强的品种发生冻害，冬性过强的品种贪青晚熟。

第二，根据当地的耕作制度、茬口早晚等，选择适宜在当地种植的早、中、晚熟品种。

第三，根据当地生产水平、肥力水平、气候条件和栽培水平确定品种类型和不同产量水平的品种。

第四，要立足抗灾保收，高产、稳产和优质兼顾，尤其要抵御当地的主要自然灾害。

第五，更换当家品种或从外地引种时，要通过试种、示范，再推广应用，以免给生产造成经济损失。

二、小麦生产的种子质量要求

优良种子是实现小麦壮苗和高产的基础。种子质量一般包括纯度、净度、发芽力、种子活力、水分、千粒重、健康度、优良度等，我国目前种子分级所依据的指标主要是种子净度、发芽率和水分，其他指标不作为分级指标，只作为种子检验的内容。

（一）品种纯度

小麦品种纯度是指一批种子中本品种的种子数占供检种子总数的百分率。品种纯度高低会直接影响到小麦良种优良遗传特性能否得到充分发挥和持续稳产、高产。小麦原种纯度标准要求不低于99.9%，良种纯度要求不低于99%。

（二）种子净度

种子净度是指种子清洁干净的程度，具体到小麦来讲是指样品中除去杂质和其他植物种子后，留下的小麦净种子重量占分析样品总重量的百分率。小麦原种和良种净度要求均不低于98%。

（三）种子发芽力

种子发芽力是指种子在适宜的条件下发芽并长成正常幼苗的能力，常采用发芽率与发芽势表示，是决定种子质量优劣的重要指标之一。在调种前和播种前应做好种子发芽试验，根据种子发芽率高低计算播种量，既可以防止劣种下地，又可保证田间苗全、苗齐，为小麦高产奠定良好基础。

种子发芽势是指在温度和水分适宜的发芽试验条件下，发芽试验初期（3天内）长成的全部正常幼苗数占供试种子数的百分率。种子发芽势高，表明种子发芽出苗迅速、整齐、活力高。

种子发芽率是指在温度和水分适宜的发芽试验条件下，发芽试验终期（7天内）长成的全部正常幼苗数占供试种子数的百分率。种子发芽率高，表示有生活力的种子多，播种后成苗率高。小麦原种和良种发芽率要求均不低于85%。

（四）种子活力

种子活力是指种子发芽、生长性能和产量高低的内在潜力。活力高的种子，发芽迅速、整齐，田间出苗率高；反之，出苗能力弱，受不良环境条件影响大。种子的活力高低，既取决于遗传基础，也受种子成熟度、种子大小、种子含水量、种子机械损伤和种子成熟期的环境条件，以及收获、加工、贮藏和萌发过程中外界条件的影响。

（五）种子水分

种子水分也称种子含水量，是指种子样品中所含水分的重量占种子样品重量的百分率。由于种子水分是种子生命活动必不可少的重要成分，其含量多少会直接影响种子安全贮藏和发芽力的高低。种子样品重量可以用湿重（含有水分时的重量）表示，也可以用干重（烘失水分后的重量）表示。因此，种子含水量的计算公式有两种表示方法。

$$种子水分（\%）=\frac{样品重-烘干重}{样品重}\times100（以湿重为基数）$$

$$种子水分（\%）=\frac{样品重-烘干重}{烘干样品重}\times100（以干重为基数）$$

小麦原种和良种种子水分要求均不高于13%（以湿重为基数）。

第三节　种子准备

小麦生产的种子准备应包括种子精选和种子处理等环节。

一、种子精选

在选用优良品种的前提下，种子质量的好坏直接关系到出苗与生长整齐度，以及病虫草害的传播蔓延等问题，对产量有很大影响。实施大面积小麦生产，必须保证种子的饱满度好、均匀度高，这就要求必须对播种的种子进行精选。精选种子一般应从种子田开始。

（1）建立种子田，种子田就是良种供应繁殖田。良种繁殖田所用的种子必须是经过提纯复壮的原种，使其保持良种的优良种性，包括良种的特征特性、抗逆能力和丰产性等。种子田收获前还应进行严格的去杂去劣，保证种子的纯度。

（2）精选种子，对种子田收获的种子要进行严格的精选。目前精选种子主要是通过风选、筛选、泥水选种、精选机械选种等方法，通过种子精选可以清除杂质、瘪粒、不完全粒、病粒及杂草种子，以保证种子的粒大、饱满、整齐，提高种子发芽率、发芽势和田间成苗率，有利于培育壮苗。

二、种子处理

小麦播种前为了促使种子发芽出苗整齐、早发快长以及防治病虫害，还要进行种子处理。种子处理包括播前晒种、药剂拌种和种子包衣等。

（1）播前晒种。晒种一般在播种前 2~3 天，选晴天晒 1~2 天。晒种可以促进种子的呼吸作用，提高种皮的通透性，加速种子的生理成熟过程，打破种子的休眠期，提高种子的发芽率和发芽势，消灭种子携带的病菌，使种子出苗整齐。

（2）药剂拌种。药剂拌种是防治病虫害的主要措施之一。生产上常用的小麦拌种剂有 50% 辛硫磷，使用量为每 10kg 种子 20ml；2% 立克锈，使用量为每 10kg 种子 10~20g；15% 三唑酮，使用量为每 10kg 种子 20g。可防治地下害虫和小麦病害。

（3）种子包衣。把杀虫剂、杀菌剂、微肥、植物生长调节剂等通过科学配方复配，加入适量溶剂制成糊状，然后利用机械均匀搅拌后涂在种子上，称为包衣。包衣后的种子晾干后即可播种。使用包衣种子省时、省工、成本低、成苗率高，有利于培育壮苗，增产比较显著。一般可直接从市场购买包衣种子。生产规模和用种较大的农场也可自己包衣，可用 2.5% 适乐时做小麦种子包衣的药剂，使用量为每 10kg 种子拌药 10~20ml。

第四节　机械准备

在播种前应完成拖拉机、犁、耙、播种机等农机具的检修和适当的调整工作，并备足必要的配件。播种机械要在播前试播，保证下种量准确，播深适宜，行距适当，下籽均匀一致。

第三章　播　种

第一节　播　期

不违农时、适时播种是提高小麦产量的一项经济而有效的措施。若播种过早，苗期温度高，麦苗生长快，冬前易徒长，形成旺苗，不仅消耗了大量土壤养分，而且植株体内积累的糖分少、抗冻力减弱，冬季易遭冻害，死苗严重。徒长的麦苗，年后返青晚，生长弱，容易形成小老苗，群众说"麦无二旺"就是这个道理。但若播种过晚，由于温度低，麦苗生长慢，分蘖少，根也少，麦苗体内积累的糖分少，形成冬前弱苗，易遭冻害；且返青晚、穗小、成熟也晚，籽粒不饱满。因此，抓住农时，适时播种确是一项经济有效的增产措施。

一、确定适宜播期的原则

（一）品种特性

冬性品种宜早播，半冬性品种次之，春性品种较晚播。同一类型品种中，冬性（春性）强者播期适当提早（拖迟），冬（春）性弱者宜适当拖迟（提早）。

（二）地理位置和地势

纬度和海拔越高，播期应早一些，大约海拔每增加100m，播期提早4天，在同一海拔高度，纬度递减1度，则播期约推迟4天。

(三) 冬前积温

根据小麦越冬的壮苗标准（春性 6 叶 1 心，半冬性 7 叶 1 心）和每长一片叶所需的积温约 70℃，则根据积温确定播期的具体方法是：从当地多年的气象资料中，找出昼夜平均温度稳定降到 0℃ 的日期，由后向前推算，将逐日昼夜平均温度大于 0℃ 的温度累加起来，直到总和达到或接近所要求的积温指标那一天，可作为理论上的最适播期。这一天的前后 3 天左右，可作为该地区各类品种的适宜播种期范围。

(四) 土、肥、水条件

黏土质地紧密，通透性差，播期宜早；沙土地播种期宜晚；盐碱地不发小苗，播期宜早。水肥条件好，麦苗生长发育速度快，播期宜晚；旱地或缺墒时，播期宜早。

二、确定播期的方法

适期播种是培育小麦冬前壮苗、形成健壮的大分蘖和发达的根系、增强抗旱抗寒抗逆能力、奠定高产群体的重要先决条件。生产中常因小麦播种过早造成冬前旺长，为来年小麦生产埋下隐患：①造成冬前麦苗发育过快，小麦抗寒能力降低。②冬前过多消耗地力，后期易出现脱肥。③因播后气温较高，增加小麦感病几率。但小麦播种过晚也有三大弊端：一是造成冬前麦苗较小，影响提高产量。二是要想保证一定的群体，必须加大播种量。三是晚播使成熟推迟，易遭受后期干热风袭击，抑制灌浆，造成粒瘪减产。

小麦适宜播种期的确定，要求小麦在出苗至冬前停止生长时有一定天数的冬前锻炼时间，即小麦在冬前停长时所处的发育阶段正处分蘖期后。此期麦苗次生根较多，体内积累了较多的营养物质，其抗寒力最强。而在幼苗期、三叶期则耐寒能力差，易受冻害；在拔节期以后，抗寒能力显著降低。因此，适宜的播期应根据品种特性、自然生态条件、积温指标等来确定。

那应如何确定合理播期，掌控小麦冬前发育进程呢？各地应根据当地近 10 年来的冬前温度计算出小麦适宜播期。

（一）确定冬前小麦壮苗的标准

实践证明，小麦在越冬前若能长出 6 片主茎叶，4~5 个分蘖，7~10 条次生根，这样的麦苗就是壮苗。有利于安全越冬和年后的苗壮生长。

（二）推算冬前长出 6 片主茎叶需要的积温

一般小麦从播种到出苗，每天约需积温 120℃，以后每长 1 片主茎叶，平均需积温 75℃。长 6 片主茎叶就需积温 450℃。可见，小麦播种到越冬前长出 6 片主茎叶，形成壮苗，共需积温约 570℃。

（三）查阅气象资料，确定最佳播期

根据上面的统计，从本地多年气象资料中找出日平均气温稳定降到 0℃ 的日期，然后从这一天向前推算，将每天平均温度累加起来（平均气温低于 0℃ 的不算），直到温度总和达到或接近 570℃ 的那一天，就是理论上的最佳播期。在最佳播期的前后 5 天，可以作为小麦适期播种的范围。

实践证明，小麦播种适期与气温关系密切，一般冬性品种播种适期为日平均气温 16~18℃，小麦适播期一般是：半冬性品种在 10 月 1—10 日，弱春性品种在 10 月 10—15 日。据统计，近年来随着全球气候变暖，温度确实呈逐渐增高的趋势，小麦的最佳播期也应适当推迟。具体确定小麦播种适期时，还要考虑麦田的肥力水平、病虫害和安全越冬情况等。

第二节 播 量

小麦产量的提高要根据品种分蘖及成穗特性进行合理密植，

建立合理群体结构。合理密植就是要合理地安排麦田的群体和个体的关系，使之能充分地利用光能和地力，既要使单位面积内有足够的苗数、蘖数和穗数，又要使所有个体能够正常地、良好地生长，达到穗多、穗大、粒多、粒饱、高产的目的。合理密植是小麦增产的中心环节。如果种得太稀，使每亩穗数和每亩总粒数下降，产量不高。如播量过大，麦苗拥挤，争光上窜，生长细弱，下部小穗多，基部茎节细软，容易倒伏减产。所以群众说："种密了不如长密了产量高"。

一、确定播量的原则

"以田定产，以产定种，以种定穗，以穗定苗，以苗定播量"。即根据土壤肥力水平和产量水平，确定适宜的品种；以种定穗是根据不同品种穗产量指标，定出每亩（1 亩 ≈ 667m^2。全书同）成穗数；以穗定苗就是根据单株成穗数定出合理的基本苗数；以苗定播量，即在基本苗确定以后，根据品种籽粒大小、发芽率及田间出苗率等定出每亩播种量。

麦田的水、肥条件、产量水平、播期和不同品种的分蘖特性是确定小麦播种量的主要依据。在生产上，一般没有水浇条件的，土地肥力较差的地块，应该播得稀些；没有水浇条件，土地肥力较好的地块，播得密些；高水肥地应该播的稀些；在同一地区，同样条件下，不同品种的分蘖能力、单株成穗数、叶面积和适宜的母穗数都有很大的差别，分蘖力强的品种，播量少些；分蘖力弱的品种，播量要大些；播期早，冬前积温较多，分蘖多，成穗较多，基本苗宜稀，播量应适当减少，播期晚的相反。

二、确定适宜播种量

目前生产中仍有一些农民朋友深受"有钱买种，没钱买苗"这种根深蒂固的传统观念影响，还是以为多下点种子好。或者由于整地过于粗放，从而采取加大播量的做法，往往导致麦苗稀密严重不匀，群体内环境条件恶劣，难以实现高产。小麦播量过大有两大害处：一是麦苗生长拥挤，苗细弱，个体发育不良，抗冻抗旱能力差，易造成冬季冻害。二是小麦群体过大，后期抗倒伏能力差，倒伏风险增加。实际生产中，应根据品种分蘖能力、成穗率、土壤肥力水平及播期早晚综合而定。

一般确定小麦适宜播量的具体方法，可根据品种籽粒大小、发芽率及田间出苗率等，计算出每亩的播种量。计算每亩播种量的方法是：

每亩播量（kg）=［每亩计划基本苗数×千粒重（g）］／（发芽率×田间出苗率×100 000）

实践证明，一般在适期播种范围内的小麦，要求每亩出苗 15 万~20 万。根据这个指标，通过计算再确定播量，凡播种偏早的还可减少播量，偏晚的可适当增加播量。

例如，在濮阳地区地力较高的麦田，目标产量为 500kg 时，需成穗 42 万，按单株成穗 3 个，每亩基本苗应为 14 万，若千粒重为 45g，发芽率为 90%，田间出土率是一个理论值，一般定为80%，计算结果如下：

播量=（140 000×45）／（90%×80%×1 000 000）= 8.75（kg）

所以，每亩播量应为 8.75kg。

一般小麦品种中等地力以每亩基本苗 15 万~18 万为宜，则亩播量为 9~11.25kg，10 月 15 日，日均温低于 16℃ 以后播种，每晚播 1 天，增加 0.8 万~1.0 万基本苗。具体播量根据种子发芽率、千粒重、整地质量综合确定。

第三节　种植方式

小麦播种方式主要指行距配置。合理的种植方式，可以协调群体和个体之间的矛盾。

一、确定适宜种植方式的原则

(一) 统筹全年作物均衡增产，尽可能满足不同耕作制度的要求

如在麦田两熟套作区要预先留出棉行、玉米行、花生行等。

(二) 要考虑地力、播期和播种机具等条件

如肥力高、播期早时，可适当加宽行距，或采用宽窄行种植。

(三) 应考虑不同类型品种对播种方式的要求

如分蘖力强、株型高大者，行距应宽些。

二、确定适宜种植方式

目前广泛采用的主要有如下三种。

(一) 等行距条播

一般田用 17cm 等行距机播，肥力较高的地块，特别是高产田因为要改善通风透光条件，亦可加大到 20~24cm。这种方式的优点是可以增加小麦前期地表覆盖度，提高光能利用率，减少地表水分的无效蒸发，节水效果明显；单株营养面积均匀，能充分利用地力和光照，植株生长健壮整齐。对亩产 500kg 以下的产量水平较为适宜，一般可增产小麦 5%左右。

(二) 宽窄行条播

宽窄行条播也叫大小垄条播，高产田小麦实行宽窄行播种比等行播种能增产 10%~16.4%。原因是：①便于除草松土和加强管理。②改善了麦田的通风透光条件，充分发挥边际效应。③宽行平播行距宽，垄行看的清，收割省工，田间损失少。

宽窄行条播这种方式一般在 500kg 及以上高产区使用。一般采用窄行 15cm、宽行 20~24cm；高产田可采用窄行 15cm、宽行

30~33cm。

（三）宽幅精播

小麦宽幅精播技术是由中国工程院院士、山东农业大学余松烈教授牵头研究成功的一项小麦高产栽培技术。宽幅精播技术比传统播种技术增产10%以上。宽幅精播以扩播幅、增行距、促匀播为核心，改密集条播为宽幅精播的农机和农艺相结合的高产栽培技术。

1. 宽幅精播技术的特点

一是扩大了播幅，将播幅由传统的3~5cm扩大到7~8cm，改传统密集条播籽粒拥挤一条线为宽播幅种子分散式粒播，有利于种子分布均匀，提高出苗整齐度，无缺苗断垄、无疙瘩苗现象出现。二是增加了行距，将行距由传统的15~20cm增加到26~28cm，较宽的行距有利于机械追肥，实行条施深施，既节省肥料，也提高了肥料利用率。三是播种机有镇压功能，能起到一次性镇压土壤，耙平压实；播后形成波浪型沟垄，增加雨水积累的优点。

2. 小麦宽幅精播栽培技术要点

（1）品种的选用。选用具有高产潜力、分蘖成穗率高，亩产能达600kg以上的高产优质中等穗型或多穗型品种。

（2）培肥地力。坚持测土配方施肥，重视秸秆还田，增施氮素化肥，培肥地力；采取有机无机肥料相配合，氮、磷、钾平衡施肥，增施微肥。

（3）夯实播种基础。坚持深耕深松、耕耙配套、重视防治地下害虫。

（4）适期足墒播种。播期在10月10—15日。播量在6~9kg。

（5）加强冬前管理。冬前合理运筹肥水，促控结合，化学除草，安全越冬。

（6）强化春季管理。早春划锄增温保墒，提倡返青初期耧枯黄叶扒苗青棵。

（7）氮肥后移。追施氮肥适当后移，重视叶面喷肥，延缓小麦植株衰老，最终达到调控群体与个体矛盾，协调穗、粒、重三者关系，以较高的生物产量和经济系数达到小麦高产的目标。

第四节 播 深

小麦的播种深度对种子出苗、出苗后的生长和培育壮苗都有重要影响。小麦在土壤墒情适宜的条件下适期播种，播种深度以3~5cm为宜。播种过浅，种子在萌发出苗过程中会因土壤失墒而落干，出现缺苗断垄问题，同时播种过浅分蘖节离地面过近，抗冻能力弱，不利于安全越冬；播种过深，使小麦地中茎伸长过长，使小麦的播种深度对种子出苗及出苗后的生长都有重要影响。根据试验研究和生产实践，在土壤墒情适宜的条件下适期播种，播种深度一般以3~5cm为宜。底墒充足、地力较差和播种偏晚的地块，播种深度以3cm左右为宜；墒情较差、地力较肥的地块以4~5cm为宜。大粒种子可稍深，小粒种子可稍浅。正常情况下分蘖节不伸长，但若播种过深分蘖节第一节以至第二节间就会伸长，出苗过程中消耗种子中营养物质过多，麦苗生长细弱，分蘖少，冬前难以形成大小适宜的群体，而且植株体内养分积累少，抗冻能力弱，冬季和早春易大量死苗。生产中播种过浅往往是由于播种机具技术状态不良造成，播种过深除因技术失误外，常因耕耙不充分、耕层过于疏松、播种时机具下陷所致。

底墒充足、地力较差和播种偏晚的地块，播种深度以3cm左右为宜；墒情较差、地力较肥的地块以4~5cm为宜。大粒种子可稍深，小粒种子可稍浅。在干旱年份，多因播种时"捞墒深播"所致。土壤墒情不足可造墒后播种，底墒较好可适当增加播深，为 4~5cm，使用沟播机播种有利于苗全苗壮，播种过深则会事与愿违，达不到增产的目的。

第五节　巧施种肥

种肥，是指播种时将速效性化肥或半速效的优质有机肥集中施在种子附近，或者在播种时与种子混合播入土中。这些肥料统称种肥。施用种肥，肥料集中施在种子附近，肥效高见效快，对促根壮蘖，培育壮苗效果明显，特别是在土壤瘠薄、基肥不足或晚播的情况下，施用种肥的增产作用尤其显著。施用种肥有技巧，施用得当增产，施用不当减产，所以必须注意合理施用。

一、肥料选择

在选用种肥时，必须注意选用对种子或幼芽副作用小的速效性肥料。

（一）硫酸铵

硫酸铵的吸湿性小，易溶解，适量施用对种子萌发和幼苗生长无不良影响，最适合做小麦种肥。

（二）尿素

尿素含氮量高，但含缩二脲，影响种子萌发和幼苗生长，故一般不宜与种子混合播种。如需要用尿素做种肥时，必须选用优质尿素，用量不能过大，每亩 2~3kg，最好采用条施，先施种肥后播种，尽量避免种子与肥料接触。

（三）过磷酸钙

过磷酸钙易溶解，但在土壤中移动性小，其范围一般在 1~3cm，大多集中在施肥点 0.5cm 范围内。含有游离酸，具有腐蚀性，易吸湿结块，施入土壤后，易被土壤化学固定而降低磷的有效性。选用做种肥时，必须选优质特级品，每亩 10~15kg，不能接触种子。也可用 10% 的草木灰与过磷酸钙混合中和酸性。最佳方法是与优质过筛的农家肥混合施用。

（四）钙镁磷肥

钙镁磷肥不潮解，不结块，对种子没有腐蚀性，物理性较好，施入土壤后，移动性小，不易流失，易被土壤溶液中的酸和作物根系分泌的酸逐渐分解，为作物吸收利用，宜做小麦种肥，每亩 5~10kg，可以拌种施用。

（五）硫酸钾

硫酸钾吸湿性小，易溶于水，不易结块，物理性好，施用方便。在缺钾的土壤上，可用硫酸钾做种肥。硫酸钾施入土壤后，钾离子可被作物直接吸收利用，也可被土壤胶体吸附。每亩用量为 1.5~2.5kg。要注意，硫酸钾的肥分含量高，不能与种子接触，以免烧伤幼苗。一定要控制好用量，肥料与种子相距 3~5cm 为佳。

（六）有机肥

充分腐熟的厩肥、牛羊粪、猪粪、鸡粪、兔粪等，经压碎过筛后，均可以做种肥施用。由于农家肥含有较多的有机质，能改良土壤，培肥地力，可与小麦种子拌种施用。此外，用磷酸二氢钾或细菌肥料进行拌种，或用微肥做小麦种肥，均有增产效果。

二、注意事项

小麦施用种肥的增产效果好，但必须注意，不是所有化肥品种都可以做小麦种肥，有些化肥品种对小麦种子和幼苗有毒害作用，不宜做种肥。

（一）对种子有腐蚀作用的肥料

如碳酸氢铵具有吸湿性、腐蚀性和挥发性。如必须用这类化肥做种肥时，应避免与种子接触，可将肥料施在播种沟底部，盖一层细土后再播种。

（二）对种子有毒害的肥料

如石灰氮，施入土壤后，在转化为尿素的过程中，其中间产物对幼芽有毒害作用。

（三）含有害离子的肥料

如氯化铵、氯化钾等化肥，含有氯离子，施入土壤后会产生水溶性的氯化物，对小麦种子发芽、生根和幼苗生长极为不利，应当避免使用。

第六节　播后镇压

秸秆粉碎还田，容易形成麦田播后耕层土壤悬虚，透风跑墒，致使播后小麦出苗难或出苗不整齐，不利于冬前分蘖和培育壮苗，甚至造成吊根或因旱、冻死苗和小老苗。因此，应注意播后镇压，小麦镇压后，生理生化有所变化，协调了植株营养生长和生殖生长的关系，减少不孕小穗，增加成穗和穗粒数及千粒重，提高了单产。镇压的主要作用是进一步压碎土块，踏实土壤，促使土壤下层水分上升（俗称提墒），种子和土壤进一步密接，有利于早出苗，为苗齐、苗全、苗匀、苗壮奠定基础；同时还可以提高地温，具有保墒提墒作用，还有增根增蘖，提高单株成穗率，增加穗数，降低株高，使茎秆粗壮，增加抗倒伏能力。镇压是给在播种环节做得不好的麦田（如播种过浅，播量过大，播种过早）一个"救命"的机会，因此这类麦田更要做好镇压。经调查，镇压过的麦田越冬—返青期干土层可比未镇压的麦田少2cm。

播后镇压的时间和工具，视土壤水分而定。一般应随播随压。但土壤过湿的麦田，应适当推迟镇压时间，以防板结，影响出苗。

一、结合整地播种方式不同，采取相应措施

（一）加强镇压

对于使用旋耕整地播种一体的播种机械，播种时适当增加镇压碌轮的压力或重量，加大镇压力度；或播后再用压麦石磙、装沙油桶等磙压一遍，使播后表层土壤紧实，创造有利于小麦出苗的土体环境。

（二）人工踩压

对于条播麦田，播后及时进行人工顺行踩压，达到踏实土壤，提墒保墒，确保小麦安全出苗。

二、镇压的分类

根据小麦苗期镇压时间不同，其作用也不相同，可分下列几种情况。

（一）播后镇压

播后镇压能粉碎坷垃，踏实土壤，提墒保温，促进出苗，是一项较好的抗旱措施和增产技术。据多年试验，小麦播后镇压能提早出苗 1~2 天，单株分蘖增加 0.4~0.6 个，单株次生根增加 1.2~2.1 条，冻害干叶率降低 10%~15%，群体增加 5 万~25 万，增产率 8%~12%。镇压既可随播随压，也可播后进行。镇压的原则是压"黄"不压湿。适墒播种的以重耙为主，切忌镇压；麦种萌发后露风的田块，不要镇压，以免折断根芽，影响出苗。

（二）三、四叶期镇压

在三、四叶期压麦，有暂时抑制主茎生长，促进低叶位分蘖早生快发和根系发育的作用。

（三）冬季压麦

冬季进行镇压，可以压碎土块，压实畦面，弥合土缝，使根系与土壤密接，有利保水、保肥、保温，能防冻保苗，控上促下，使麦根扎实，麦苗生长健壮。由于镇压后分蘖节附近土壤的水分和温度状况有所改善，麦根与土粒接触紧密，增加了根的吸收能力，有利于小分蘖和次生根的生长。镇压的次数和强度，视苗情而定。旺苗要重压，一般镇压一次和控制效应约一星期，因此，旺苗要连续压 2~3 次。弱苗要轻压，以免损伤叶片，影响分蘖。镇压时要注意土壤条件，土壤过湿不压，有露水、冰冻时不压。

（四）早春压麦

早春麦苗拔节前镇压可抑制地上部生长，促进大分蘖成穗，加速小分蘖死亡，提高成穗率和整齐度，缩短第一、第二节间的长度，促茎秆粗壮，增强抗倒伏能力。

第七节　提高播种质量

小麦的产量结构是由亩穗数、穗粒数和千粒重三者的乘积得来。其中，亩穗数是制约产量的决定性因素，亩穗数由基本苗和分蘖多少决定。要确保高产所需的亩穗数，就应在适期晚播、科学界定小麦播量的基础上提高播种质量。同时小麦播种多用机械，应提前准备，确保下种均匀一致，调整播量，做到无漏播、重播，不堵仓眼，到边到头；机播作业中还要求行直、垄正、沟直、底平，深浅一致，盖种严实。

一、提高播种均匀度

播种的均匀度应该包括 3 个方面要注意的问题。一是行内籽粒分布要均匀，保证出苗后每个个体都有同等的生存和生长空间，以实现匀苗壮苗。二是行间的均匀度，避免一行宽一行窄的现象发生，这是对播种机和机手的考验。三是播种深度的均匀一致。生产中一次播种作业面内，行距不等，不同行间深度差别悬殊的情况时有发生，严重影响高产群体的创建和均衡增产。

二、做好播种机械的检修、调试工作

提高播种质量要提前做好播种机械的检修、调试工作，选择有经验的老机手播种，在试播无误时进行大面积播种，注意播种机行走速度要慢且匀速，行距标直、落子均匀且深浅一致（3~5cm），确保苗间分布均匀度和齐、全、壮，减少疙瘩苗出现概率。防止因播种过浅或过深。

三、镇压

还要注意播后镇压，通过镇压可以沉实土壤，小麦出土时不至于"蹬空"，出苗快而整齐，对壮苗早发及冬春保墒作用显著。

第八节　整修水渠

播种以后，要抓紧在三四天内整修好渠道，既要保证能随时灌溉，又要力争渠旁全苗，提高土地利用率。

第四章　小麦苗期生产管理

小麦从出苗到越冬，其生育特点可概括为"三长一完成"。即长根、长叶、长分蘖，完成春化阶段。其中分蘖是生长中心。田间管理的中心任务是，在保苗的基础上，促根增蘖，使弱苗转壮，壮苗稳长，确保麦苗安全越冬，为来年穗多、穗大打下良好的基础。小麦苗期管理对于小麦后期的生长以及安全越冬有非常重要的作用，为促进小麦壮苗早发，强根增蘖，冬前小麦苗期管理应抓好以下几项技术。

第一节　查苗补种，确保苗全、苗匀

小麦播种后要及时检查出苗情况，这是确保苗全的第一个环节。如果发现缺苗断垄要立即补种、补齐，对于 10cm 以上严重缺苗断垄地段，可采取催芽补种，为了使补种的小麦快些出苗，应提前准备好麦种，并应当用萘乙酸或清水浸种催芽，有促进发根壮苗、增加分蘖和增强抗寒性的作用。浸种后应晾干再播种。对已经分蘖仍有缺苗地段或补种不及时又过了补苗的最佳时期或者是补种时期的，就需要匀苗移栽了，在小麦分蘖期选用同一品种壮苗进行移栽，疏稠补稀，从出苗稠密的地方间苗补栽，就移栽的深度以"上不埋心，下不露白"最好，栽后要踩实和及时浇水以及松土，移栽的时间最迟不可以晚于小雪。如果小麦苗过于密集了或者是出现了疙瘩苗，那么也要及时疏苗移栽，争取达到苗齐、匀、全、壮。这是确保苗全的关键环节。

第二节 压倒针

小麦进入三叶期以后，种子胚乳中的养分耗尽，幼苗要依靠自身进行光合作用，制造营养物质，供生长发育的需要，这是促根增蘖的关键时期。而压倒针是一项有力的措施，即在三叶期镇压一遍，起到控主茎、促分蘖，控地上、促根系的作用。增加抗寒性、抗旱性，同时还能压碎坷垃，压实土壤、防治通风，有利安全越冬。特别是没有冬浇条件的广大地区压麦尤为重要。压比不压可减少死亡率20%左右、增产4.8%~18.2%，早压比不压增产5%。压麦时间宜在晴天中午以后，不要在有霜冻的早晨，以防伤苗。盐碱地和沙土的不宜压麦，以免引起返碱和风蚀。

第三节 做好病虫害的预防和防治工作

小麦苗期管理一定要重视，同时要按照科学合理的措施进行，做好小麦苗期管理能够有效地减少小麦病虫害的发生，同时也能有效地保证来年的小麦丰收。

第四节 化学除草

春草秋治，除草效果最佳。一般在麦苗两叶一心期喷药防治。尤其对麦田恶性杂草野燕麦、节节麦、看麦娘等，必须在秋天防治。在小麦3~5片叶时，田间杂草正值2~3叶期，草龄小对药剂敏感，抗药力低，除草效果好。秋治杂草最好在10月下旬至11月上旬（一般在小麦播种40天后），温度在10℃以上（11时至16时）的无风晴天施药，用药效果好。这样一方面可防止药液飘移造成其他作物药害，同时还可防止除草剂对下茬作物造成药害。

选麦田除草剂要根据自家麦田杂草种类选择对路品种，还要掌握好用法和用量，例如麦田以禾本科杂草为主，可亩用 10% 苯磺隆 10g+72% 2,4-D 辛酯 50ml，对水 30kg 均匀喷雾。如果麦田杂草以藜菜为主，防治时在藜菜 2~4 叶时每亩用 10% 苯磺隆10g+56% 二甲四氯 80g，对水 30kg，全田均匀喷雾。野燕麦、看麦娘等可用彪虎、骠马等药防治，要按农药说明书上的要求用药，喷药时间和亩用药液量同上。

另外，要注意小麦拔节后不能再喷除草剂，以防药害。

第五节　中耕松土与镇压

中耕镇压适时划锄，可防止地表龟裂，增温保墒，促进冬前分蘖。对于适期播种的麦田，在封冻前要早锄、浅锄、细锄，防止伤根伤苗；对旱地要进行碾压提墒，浅锄保墒，防止风蚀，达到增温保苗目的；对整地质量较差、土壤不实坷垃多的麦田，冬季可进行碾压；对于下湿地麦田的晚播苗，要加强中耕松土。

小麦出苗后遇雨、浇过冻水或因其他原因造成的土壤板结，墒情适宜时还要及时锄划，疏松土壤，防止地表龟裂，通气保墒，促进根系发育，促进根系和幼苗的健壮生长。分蘖期遇雨，应及时挠麦松土，有利于破板结，促进根系生长。特别是盐碱地小麦，更应做到雨后必锄，防止返盐为害麦苗。但是对生育进程过快的旺长麦田可采取深划锄、镇压控制旺长，控制无效分蘖。

对种麦时抢墒播种、整地粗放和秸秆还田不踏实的麦田，可采取压麦，以起到压碎坷垃、踏实土壤、增温保墒、控上促下、加速分蘖的作用。镇压时需要注意：①压麦时使用小型镇压器镇压，只压一遍不重压，到地头防转死弯压伤麦苗。②选晴暖天气的 9 时至 15 时压麦为好。地湿、阴天或有露水时不压麦。

第六节 适时冬灌，保苗安全越冬

小麦越冬前适时冬灌是保苗安全越冬，早春防旱、防倒春寒的重要措施。冬灌有哪些好处呢？因为水的热容量大，冬灌后土壤水分充足，可以缓和地温的剧烈变化，防止冻害死苗；还可以促进越冬期的根系发育，巩固健壮分蘖，有利于幼穗分化，并为第二年返青期保蓄水分，做到冬水春用；另外冬灌可以塌实土壤，粉碎坷垃，消灭越冬害虫，所以冬灌具有明显的增产作用。据试验证明，一般可增产20%以上，冻害严重的年份增产幅度更大。

但实践表明，如冬灌掌握不当，也会引起严重的不良后果，轻者抑制分蘖及生长，造成叶片干尖，重者会导致成片死苗现象。致死的基本原因是低温影响，但和播前整地不实也有很大的关系，机耕后未经耙实、镇压或未浇蹋墒水的地块，在低温条件下灌水更易加重冻害。

要发挥冬灌的良好效益，应注意掌握下列技术要点。

（一）适时、适量浇好小麦冻水，保障小麦安全越冬

如冬灌过早，气温高，蒸发量大，入冬时失墒过多，起不到冬灌应有的作用。如灌水过晚，温度太低，水不易下渗，很可能造成积水结冰而严重死苗。适宜的冬灌时间应根据温度和墒情来定，一般选择在平均气温7~8℃时开始，到5℃左右时（11月20日左右）结束，一天内掌握在晴暖天气9时至15时。此时"夜冻日消，冬灌正好"。土壤含水量沙土低于13%~14%，壤土低于16%~17%，黏土低于18%~19%时可以进行冬灌。冬灌的顺序：一般低洼地、黏土地可先灌；沙土地因失墒快，应晚灌。

（二）灌水量

灌水量要根据墒情、苗情和天气而定。一般每亩浇40~60m³

水。冬灌水量不可过大，以能以浇透为准，水在当天渗完为宜。切忌大水漫灌，以免造成地面积水，结成冰层使麦苗窒息而死。

（三）冬灌后

特别是早冬灌的麦田，浇冻水后要及时锄划耧麦，破除板结，防止地面龟裂透风，造成伤根死苗，并可除草保墒，上促壮苗，下促根系发育。

（四）凡含水量符合下列条件的麦田，可以不冬灌

沙土地在 18% 以上；二性土在 20% 以上；黏土地在 22% 以上，地下水位又高的麦田。此外，凡底墒充足的晚茬麦田也可不冬灌。这类麦田因冬前生育期短，有效积温不足，故叶片少、根少、没有分蘖。所以，为了充分利用初冬和早春两个冻融时期的有效积温来提高分蘖节附近的地温，不立灌有利于争取多分蘖，多长一些次生根。但对这类不冬灌的麦田必须在上冻前划锄，松土保墒，提高地温，力争"活土"越冬，这样安全越冬就较有把握。

（五）冬灌结合追肥

凡苗少的二三类麦田，或早播的脱肥旺苗，可结合冬灌追施氮肥。每亩施尿素 5~10kg，可以促使小麦早返青，巩固冬前分蘖，增加分蘖成穗率，做到冬肥春用。但对于苗多的一类麦田，一般可不施或少施，以免春季分蘖过多，群体过大，造成后期倒伏。

第七节　追好分蘖肥

因苗制宜，补施追肥对底肥不足的麦田，追施冬肥时间，应在平均气温 7~8℃ 开始，5℃ 结束；追肥数量应酌情而定，应按照产量指标要求缺多少补多少，对水浇地麦田可以结合冬灌补施追肥，方法可隔行沟施、穴施。施后要覆土，以减少挥发，提高肥效；对于晚播弱苗，由于肥水消耗少，冬前一般不宜追施肥水，对于长势不匀麦田可采取点片追施，追肥时一定要采取穴施，严禁撒施。

另外，还可以在小麦苗期喷施磷酸二氢钾叶面肥（300~500倍液）和多种微量元素，可控制麦苗旺长，增强抗病能力，促进冬前分蘖。注意不能重喷和漏喷，用药最佳时期为10月20日至11月15日。

第八节　禁止啃青

牲畜啃食麦苗会造成大量死苗，严重时，能使小麦减产，一定要严禁牲畜啃青。

第九节　因苗管理

小麦出苗以后，由于受各种自然灾害的影响，往往形成各种不同情况的苗情。因此必须要视地力、墒情、品种分蘖、幼穗发育及茎秆特性和品种需肥需水特性等具体情况，科学地做好分类管理，"因苗制宜"地运用各项管理措施。

一、弱苗

弱苗的一般表现为分蘖缺位较多，根少，蘖少，叶片窄小，叶色偏淡。弱苗冬前制造和储备的养分不足，不利于安全越冬，返青后也难于健壮生长。弱苗的表现、主要成因和对不同弱苗应当采取的技术措施大致如下。

（一）表现及成因

1. 因干旱缺水而形成的"缩脖苗"

主要表现为：幼苗基部叶尖干黄，上部叶色灰绿，分蘖和次生根少或不能发生，植株生长缓慢，心叶迟迟不长，呈现"缩脖"现象，严重时基部叶片枯黄干死，植株停止生长，这类弱苗多发生在抢墒播种、土壤干旱以及由于整地粗放、土壤过松、暗坷垃悬空而根与土壤不能紧密接触、吸水困难的麦田。

2. 出现在缺磷以及干、湿板结、播种过浅麦田的"小老苗"

主要表现为：麦苗矮小、瘦弱、叶片窄、短，分蘖细小或无分蘖；叶鞘和叶片颜色先是灰绿无光，后变铁锈发紫，基部老叶渐次向上变黄、干枯，次生根少，生长不良，新根出生慢，老根变锈色。

3. 由于施肥不当或药害而发生的黄苗叫"肥烧苗"

一般症状是：麦苗叶片或叶尖发黄，长势减弱，分蘖减少甚至不能发生，严重时叶片干枯渐及死亡。就全田苗情来看，黄苗常呈轻重不同，无规律的点片发生。检查麦苗时则可发现，根尖发锈或根尖膨大，呈鸡爪状；新根出生不久便停止生长，变得短粗、无根毛；有的在根的某一个部位出现铁锈色甚至烂皮，严重时危及根茎和分蘖节，造成死苗。

肥烧苗发生的原因，主要是：施用种肥过多，化肥品种使用不当，尤其是过量施用尿素、碳酸氢铵；或磷肥质量差、酸度大；或过多施用未腐熟有机肥且撒施不匀；药剂处理失误等。

4. 由于底肥少、地力薄而出现的"黄瘦苗"

麦苗表现出瘦弱、色淡、叶片薄而细长、无光泽。另外还有播种过深的"黄瘦苗"，幼苗叶片细长发软，低位蘖往往不能发生，根系发育不良，苗瘦弱，叶色浅。

（二）措施

1. 缩脖

对因干旱"缩脖"症状出现时，及早浇好分蘖盘根水，对旱地麦田，要采取镇压措施。

2. 小老苗

对"小老苗"主要是多松土，结合深施氮磷混合肥或无机、有机混合肥并结合浇水。

3. 肥烧苗

对"肥烧苗"补救措施是立即浇水，浇水后破除板结。

4. 黄瘦苗

对肥料不足的"黄瘦苗"，要及时追施速效氮肥，并要结合浇水，注意中耕松土，每亩施速效氮肥 15~20kg。

5. 其他弱苗

因播种过深的弱苗，要扒土清垄，或中耕，改善土壤通气状况，促使根系发育。因晚播形成的弱苗，主要是积温不足，这时苗小根少，肥水消耗少，冬前一般不宜追肥浇水，以免降低地温，影响发苗，可浅锄松土，增温保墒。

二、壮苗

壮苗一般是在播种适时、土壤肥沃、墒情适宜的条件下形成的，其表现为出苗快，叶片较宽大，分蘖和根系均能按期出生，分蘖粗壮，叶片挺而不拔，叶色浓绿，根多，根部附着的土粒也多。对于这类麦田，要密切注意它的群体发展，如基本苗过多，预计越冬前总茎数将明显超过合理指标时，应在分蘖初期及早疏苗。在幼苗生长过程中，如发现总茎数提早达到合理指标时，应及时采取深中耕的断根措施，以抑制小蘖出生，促进大蘖壮长。

在苗期分蘖达到预计数以前，如发现麦苗叶色变淡，叶差距拉大，心叶生长迟缓，下部叶片有退黄趋势，应适当追肥浇水。

三、旺苗

冬前小麦旺苗多是由于播种过早或偏早，播量偏大、肥力又高形成的，一般有 3 种情况。

（一）肥力基础较高

肥力基础较高，施肥量大，墒情适宜，加之播种偏早，因而麦苗生长势强，分蘖多，速度快。一般到 11 月下旬，每亩的总蘖数就可达到或超过指标要求，如任其发展，在冬前常可达到百万以上，而且植株高，叶片大。若遇暖冬，年后继续旺长，遇冷冬则冻害严重。对这类麦田要及早采取措施，当发现长势强，分蘖过猛时就要设法控制其生长速度。控制的办法是深中耕断根，可用耘锄或耧深耠，一般深锄 10cm 左右。该措施不仅有效，而且影响控制效果时间长。断根后，暂时减少水分和养分的吸收，减缓生长速度，在恢复和重新发根过程中，转移了生长重心，实质是控了地上相对的促了地下，而且使根系向下伸展。如果深锄后仍然很旺，隔 7~10 天再进行 1 次，甚至可以进行第 3 次。另一种办法就是选择在晴天无风的上午用石磙等工具砘轧 2~3 遍，也能起到抑制小麦旺长的作用。

（二）有一定地力基础

有一定地力基础，又施了种肥并因基本苗偏多，播种偏早而形成的旺苗，这种旺苗一般是假旺苗，若冬前不管，到越冬前或越冬后就会逐渐衰退成弱苗，即所谓"麦无二旺"，对此应进行疏苗并适当镇压或深锄，以在一定程度上控制旺长，增加养分积累并于浇冻水时追施适量化肥（一般亩施 5~7kg 尿素），年后即可转为壮苗。

（三）地力不太肥

地力并不太肥，只是由于播种量过大；基本苗过多而造成的群体大，苗子挤，使其窜高徒长，根系发育不良，一般不宜深中耕。有旺长现象的麦田，结合深中耕，可用石磙碾压，以抑制主茎和大蘖生长，控旺转壮。但下湿地和盐碱地不宜碾压，以免造成土壤板结和返碱。

第十节　越冬死苗的原因与预防

小麦越冬死苗的主要是天气突然变化，忽冷忽热，超低温冻害，土壤水分少或干旱，播种过晚过早及冬灌浇水不合理等原因所造成的。小麦越冬死苗的原因除气象因素外，从农艺栽培角度看，主要是品种布局不合理以及农艺栽培管理不当等原因造成的。特别在一些黏土地、沙性较重的地块，发生小麦越冬死苗较多。死苗率低于10%影响不大，而高于20%就会造成减产。有的死苗率达30%~50%，减产严重。

为了预防出现小麦越冬死苗，应该正确分析造成死苗的原因，发现问题，并及早采取有效措施，确保小麦安全越冬，减少灾害损失。

一、死苗原因

（一）气候原因

1. 超低温冻害

超低温造成小麦越冬死苗的主要原因是，在温度正常的情况下，突然温度剧烈下降，而且温度变化幅度大，麦苗来不及适应变化过程，导致冻结过快，生理机能降低而造成死苗。

2. 寒冷冻害

冬季温度低，气候寒冷，冻土层很厚，地缝中的水分被冻结，根系不能从土壤中充足吸收水分和营养，导致小麦植株体内水分供求失去平衡，特别是一些晚播的麦田，发生寒冷冻害比较严重，致使麦苗逐渐脱水而死苗。

3. 土壤干旱

土壤墒情不足，特别抢播的麦田，小麦苗在越冬期间得不到充足的水分供应，特别在风多、寒流多、气候多变的年份，麦苗常因地干水分少、天气寒冷而造成死苗。

(二) 栽培原因

1. 秸秆还田

实行秸秆还田的麦田，由于土壤疏松，播种后没有充分盖压，当寒流侵袭时，冷空气容易侵入到土壤中，易造成小麦冻害而死苗。

2. 晚播粗种，加重冻害

一种耕作制度既受限于当地热量条件，也受生产条件的制约。如不顾客观条件不适当地扩大小麦面积，提高复种指数，致使每年都有一大批耕作粗放的晚播麦，再加上品种不配套，苗弱抗性差，冻害严重。

3. 早播旺长，降低抗寒性

如果播种过早，再加上暖冬，麦苗旺长，甚至冬性弱的品种在冬前穗分化就达到二棱期以后，抗寒性降低，造成冻害死苗。

4. 浇水不当，不利越冬

浇冬水过晚，由于土壤已冻结、浇水后不能及时渗透到土壤中去，地表形成结冰，时间一长造成"凌抬"，麦苗断折而死。另外，由于浇冬水后没有及时中耕，使冻土层龟裂，根系被拉断，冷空气侵入到土层下部而造成死苗，这种情况在黏土地发生较严重。

5. 墒情不足，旱助寒威

造墒不匀或抢墒播种的麦田，底墒不足，土壤干旱，加重冻害。

6. 盲目引种

引种只注意丰产性，忽视抗寒性，将半冬性品种，春性品种盲目引入冬性品种种植区，为此加重了冻害死苗。

二、预防措施

综述以上小麦越冬死苗的原因，预防方法主要应做好以下几个方面。

（一）调整布局，因地制宜选用良种

任何良种都要求一定条件，必须对品种合理布局，恰当使用。一般情况下，要严格按照品种类型区布局品种，并要根据土壤、地力、水利、茬口等，安排几个不同产量水平，早、中、晚熟品种搭配种植。

（二）狠抓早抓培育壮苗

壮苗积累糖分多，抵抗力强，有利于安全越冬。凡是对培育壮苗有利的农艺措施，均可在一定程度上减少冻害死苗。

1. 播深适度

俗语说，"半寸死，一寸活，七分八分受折磨"，播种深度要严格掌握在 4~5cm。调查表明，播深 4cm 的死苗 5%~10%，播深 2~3cm 的死苗 27%~35%。为了达到适宜的播种深度，必须平整好土地，调整好播种机具，控制好播种深度。

2. 播种时间

据测定，越冬前有 4~5 个分蘖的壮苗，分蘖节中的含糖量最高，为 24%~25%，比仅有 1~2 个分蘖的弱苗高 3%~4%，比有

7~8 个分蘖的旺苗高 11%~12%，抗寒抗冻能力增强。播种以秋季日平均气温降至 16~18℃ 最为适宜，越冬前正好达到 4~5 个分蘖。

3. 科学施肥

有机肥对提高小麦的抗寒性有显著作用，能改善土壤的理化状况，提高地温和促进根系生长发育。磷能增加小麦体内糖分，延迟生长锥分化，促进冬眠，增加抗寒性，因此，在秸秆还田的基础上，要增施含磷的复合肥。

（三）加强越冬期管理，狠抓防寒保温措施

越冬管理工作做得如何，直接影响着小麦冻害程度，所以，要浇好封冻水，防旱、抗旱；耧划镇压；严禁割青和牲畜啃青等。

1. 合理冬灌

冬灌有蓄墒防旱、稳定地温、减轻冻害的作用。冬灌要掌握适时、适量的原则。"不冻不化，冬灌还早；只冻不化，冬灌迟了；夜冻昼化，冬灌正好"，浇得过早，气温较高，蒸发量大，地表容易板结龟裂，对麦苗越冬不利；过晚浇水地已封冻，水不易下渗，地面积水结冰，会闷死麦苗。因此，封冻水一定要适时浇才好，具体时间，以立冬开始到小雪浇完为适宜。灌水量，一般每亩以 40~60m³ 为宜。

2. 中耕划锄

麦田冬灌后要及时划锄，划锄的作用是破除地块板结，弥补裂缝，特别是一些黏土地，如果不及时划锄造成土壤裂缝，容易把麦苗根系拉断，造成死苗。划锄能增强土壤保温保墒能力，促使小麦根系发育，防止冻害发生，对旺长的麦田，还能切断根系对水分和营养的吸收，控制茎叶生长。

3. 适时镇压

对于播种过早、播种量大或水肥充足引起的旺苗，应采取冬前镇压，冬前镇压可破碎坷垃，保温保墒，压实土壤、弥合裂缝，对防止冬季因地表板结龟裂所造成的麦苗死亡有很好的作用，尤其是秋旱严重时，整地不细，对小麦越冬不利，所以，冬季一定要抓紧镇压，并视为重要措施去落实。同时能抑制小麦主茎生长，促使小麦根系发育，对一些秸秆还田的麦田，因土层较疏松，冬前镇压可减少麦苗越冬死亡率，镇压的时间应掌握在小麦停止生长后的晴天，一般在中午前后为宜。

4. 盖土盖肥

盖土盖肥是保证麦苗安全越冬的一条有效措施。具体做法：一是盖土，对一些播种质量差或播种过浅的麦田可以采取盖土的办法，选择晴朗天气把地表浮土用铁耙等覆在沟内，避免根茎裸露，减少小麦死苗。另外可在麦田内撒一些坑土或老房土，也同样起到防冻效果。二是盖肥，在没有秸秆还田或秸秆施得少的麦田内，冬季撒上一层粗肥，可以提高地表温度，减轻冻害，保护麦苗。

5. 严禁猪羊啃麦苗

猪羊啃食麦苗会造成大量死苗，严重时，能使小麦大量减产，一定要严禁猪羊啃麦苗。

第五章　小麦返青期生产管理

第一节　划锄松土

返青后各类麦田均应划锄保墒，群体充足的麦田要深锄，控制春季无效分蘖的产生，减少养分消耗；弱苗麦田要多次浅锄细锄，提高地温，促进春季分蘖产生；枯叶多的麦田，返青前要用竹耙等工具清除干叶，以增加光照。另外，早春划锄也可以消除杂草。

划锄应在3月上旬的返青前后进行。对有旺长趋势的麦田，从返青到起身期都可以适当深锄断根，抑制小麦春季无效分蘖，以保证小麦成穗质量和群体质量。

第二节　科学施肥

返青肥要因地、因苗追施，分类管理。对于冬前长势较弱的二三类苗或地力差、早播徒长脱肥的麦苗或底肥不足的地块，应趁墒早追施、适量追施返青肥，促苗早发快长，巩固冬前分蘖，争取春季分蘖多成穗，努力增加亩成穗数。可在地表开始化冻时抢墒追施（顶凌施肥）。一般每亩可追施尿素5~10kg，缺磷麦田应混合追施过磷酸钙每亩15kg左右。有条件的最好施磷酸二铵每亩10~15kg。返青肥对于促进麦苗由弱转壮，增加亩穗数有重要作用。有条件的地方可分两次进行追肥，第一次在返青前期，趁墒亩施尿素 10kg 左右；第二次在起身期，结合浇水亩补施尿素 5~7kg。但对于苗数较多的一类苗，或偏旺而未脱肥的麦田，要继续大力推广"氮肥后移"技术，则不施返青肥，应推迟到拔节时进行肥水管理，以控制无效分蘖，结合浇水亩追尿素 15~20kg，以达到提高分蘖成穗率，增加亩穗数的目的。

第三节 浇返青水

为提高分蘖成穗率，适时浇水至关重要。浇返青水要看地、看苗灵活掌握。凡冬前未浇冬水或冬灌偏早，返青时墒情较差、干旱症状较严重的麦田（干土层在 3cm 以下），则可适当早浇返青水、保苗水，要按照旱情先重后轻，先沙土地后黏土地，先弱苗后壮苗的原则，因地制宜浇水。

一、浇水时间

当日平均气温稳定在 3℃、白天浇水后能较快下渗时，要抓紧浇水保苗，时间越早越好。

二、浇水量

浇返青水时，水量不宜过大，更不能大水漫灌。因早浇返青水的麦田，下层土壤没有全部化冻，大水易造成积水沤根，新根发不出来，发育推迟，易形成"小老苗"，重者有死苗的危险；同时，地表积水，出现夜间地面结冰，易发生"凌抬"现象。

三、注意事项

（一）结合追肥

个别因旱受冻黄苗、死苗或脱肥麦田，要结合浇水每亩施用尿素 10kg 左右，并适量增施磷酸二铵，促进次生根生长，增加春季分蘖增生，提高分蘖成穗率。

（二）壮苗

凡冬水浇得适时，麦苗生长健壮的麦田，可适当晚浇返青水；晚播麦若墒情较好，也应晚浇返青水，以免降低地温，影响返青。凡冬水浇得较晚，返青时不缺水的麦田，则可推迟到起身期浇水、追肥。

第四节　麦田杂草和病虫综合防治

春季小麦返青后是病虫草害多发期，要密切注意病虫草害的发生。防治杂草要在拔节前进行，注意加强对吸浆虫、蚜虫、麦叶蜂、白粉病、赤霉病、纹枯病、锈病等病虫害的监测。

为达到防治杂草和小麦不因杂草而损失产量的目的，在实际操作中应注意以下几点：合理安排除草时间，对越冬性杂草多的麦田，如荠菜、播娘蒿等为主的麦田，防除时间一般在3月底完成，这个时期防除效果好。对于麦田春生杂草防除时间一般在4月中旬。阔叶杂草主要是麦蒿和荠菜等，在拔节前用双氟、苯磺隆、唑草酮、二甲四氯类除草剂对水进行喷雾，在猪殃殃发生较多的地块可每亩用氯氟吡氧乙酸乳油50~75ml，对水30kg均匀喷雾。在泽漆发生较多的地块每亩用苯磺隆15g加乙羧氟草醚10~20ml。对杂草多的或比邻白地的地块用阿维菌素、哒螨灵类高效低毒杀螨剂加水，喷雾防治麦蜘蛛和灰飞虱，预防丛矮病。有禾本科杂草（雀麦）的麦田，春季防治一是中耕绷草，二是后期人工拔除。使用化学除草剂应在晴天无风时进行。

第五节　揭被清垄

冬季盖土盖肥的小麦，必须在返青后适时揭被清垄，以利提高地温，促进根系发育。为了防止倒春寒的危害，清垄应分两次完成。第1次在返青后1周左右；第2次在返青后半月左右，把土全部清完（但不能使分蘖节外露）。对土壤水分高的低洼地，要严格掌握在土壤返浆前清完；较干旱的麦田，可适当推迟，以防冻害。

第六节　预防"倒春寒"和晚霜冻害

倒春寒又叫早春冻害，是早春常发灾害。春季低温对小麦的危害是由晚霜低温引起的，实质上是小麦生长发育过程中受到的低温伤害。一般是由寒潮大量入侵引起的低于或接近零度的剧烈降温，或当寒潮过后天气转晴时，夜晚地面温度骤然降低而形成的。

一、春季冻害发生的时期

小麦拔节期一般在3月下旬到4月上旬。小麦完成春化阶段发育后抗寒能力显著降低，在通过光照阶段开始拔节时，完全失去抗御0℃以下低温的能力。此时若寒潮来临，夜间晴朗无风，地表温度骤降至0℃以下，便会发生春季冻害。春季冻害会频繁发生，即春季冻害不仅仅出现1次，严重年份会出现多次。有些麦苗在早春第1次出现寒潮时未受冻害，但在以后连续发生的降温过程中，却受到了冻害，尤其是早播的春性品种更易发生冻害，减产更为严重。

二、春季冻害的症状

小麦早春发生冻害，主要是主茎、大分蘖幼穗受冻，形成空心蘖，外部症状表现不太明显，叶片轻度干枯。幼穗冻死顺序为主茎穗—大分蘖穗—小分蘖穗，冻害严重时，幼穗全部冻死，分蘖节上的潜伏芽会再生分蘖，冻害更重时全株死亡。

三、早春冻害的防御

(一) 早春冻害和"倒春寒"发生前的防御技术

1. 培育壮苗

预防小麦春季冻害，培育壮苗，增强小麦抗寒、耐旱能力，是最根本措施。培育壮苗，应从整地和合理施肥、适时播种、控制播量等播种环节抓起，结合合理化控、适时灌水追肥、叶面喷肥等科学的管理措施。

2. 普遍浇水

小麦拔节后抗寒能力明显下降，务必要密切关注天气变化，在寒流到来之前，采取普遍浇水、喷洒防冻剂等措施，预防晚霜冻害。

(二) 早春冻害和"倒春寒"发生后的补救措施

由于冻害发生在早春返青前期，季节较早，而小麦又具有较强的自身调节能力，所以反馈余地较大。发生轻微冻害的田块，后期生长基本不受影响，只要加强管理，及时采取补救措施，对产量影响不大。

1. 及时追肥

一定要在低温后 2~3 天及时观察幼穗受冻程度，发现茎蘖受冻死亡的麦田要及时追肥，促其恢复生长。一般茎蘖受冻死亡率在 10%~30% 的麦田，可结合浇水亩施尿素 4~5kg；茎蘖受冻死亡率超过 30% 的麦田，亩施尿素 8~12kg，以促高位分蘖成穗，减少产量损失。

2. 叶面追肥

对于小麦叶尖及叶片受冻害的，及早划锄铲除杂草提高地温，喷施磷酸二氢钾等微肥 300~500 倍液，促使受冻小麦叶片恢复生机促进生长发育，早发新蘖，多成穗，成大穗。

3. 防治病害

对发生纹枯病、锈病的麦田，要在 3 月上旬进行 1 次普防，用 20%粉锈宁乳油或 5%井冈霉素水剂+施磷酸二氢钾 600 倍液防治。控害增收，确保小麦增产。

第七节　化控缩节

倒伏作为生产上普遍存在的问题，由于倒伏对生产影响严重，历来为人们所重视。在生产上小麦播期过早、播量偏大、返青后温度上升快等原因，会造成群体偏大，这样麦田就存在倒伏危险了。

拔节前喷施矮壮素或壮丰胺等化控药剂控制基部一二节间伸长，对预防小麦倒伏有较好的效果。目前，在防止小麦倒伏方面，应用较多的是多效唑，多效唑对小麦的生物学效应主要有两方面，一是前期促蘖壮苗，二是后期控高防倒伏。

可在小麦拔节前 10 天左右喷施多效唑粉剂，一般每亩 30~40g，长势过旺的每亩 50g，对水 30~40kg 喷施，可使植株矮化，抗倒伏能力增强。另外对群体大、长势旺的麦田，在拔节初期可每亩用壮丰安 30~40ml，对水 30kg 喷洒叶面，可有效地抑制节间伸长，使植株矮化，茎基部粗硬，从而防止倒伏。

第六章 小麦中期生产管理

小麦生长中期指从起身至抽穗这段时间，为营养生长与生殖生长并进阶段，茎、穗为此期生长发育中心。起身后由匍匐生长转向直立生长，尤其是从拔节到抽穗是一生中生长速度最快、生长量最大、干物质积累最快的时期。亩茎数达到高峰，每茎叶片数迅速增加，挑旗期前后达到最大叶面积系数，很容易造成郁蔽。

第一节 合理运用肥水

春季麦田苗情变化复杂，应针对具体苗情具体分析，制定相应的肥水管理措施。高产肥地一般要求稳定穗数，争取粒数和粒重，肥水重点应放在起身拔节期，尤其是拔节期。一般大田以穗数为主攻方向，兼顾粒数和粒重，肥水重点应在起身拔节期而偏重于起身期。个别瘦地、弱苗肥水重点还应提前到返青期。

几种类型田块的肥水管理实例如下。

一般大田，每亩追肥量为5~7kg氮肥。壮苗：起身期和拔节期各追肥1/2；弱苗：返青期追肥1/4，起身期追肥1/2，拔节期追肥1/4。

高产田，每亩追肥量为10kg以上氮肥。壮苗：起身期1/3，拔节期2/3；或起身期和拔节期各追肥1/2；偏旺苗和晚播麦：拔节期一次追施，并可以酌情补施孕穗肥。

第二节　中耕松土

拔节水后，应及时中耕松土，保住墒情，这对养根护叶、防止早衰、提高粒重作用甚大。

第三节　预防晚霜冻害和低温冷寒

起身至孕穗期间常有晚霜侵袭，应注意根据天气预报，在寒潮到来前浇水。

第四节　防治病虫害

春季害虫如麦蚜、麦蜘蛛、麦叶蜂、吸浆虫，病害如白粉病、锈病均可能发生，应做好测报，及时防治。对于拔节后的杂草主要采取人工拔除的方法进行防治，拔除的杂草要及时带出麦田销毁。

（1）小麦吸浆虫的防治。蛹期毒土防治：4月下旬（孕穗末期），每亩用50%辛硫磷250g或48%乐斯本200g，对水2kg均匀喷在20~30kg干细沙土上，搅拌均匀后撒于麦田并及时浇水。成虫期叶面喷雾防治：5月上旬（抽穗期），每亩用4.5%高效氯氰菊酯乳油40ml+50ml辛硫磷乳油或10%吡虫啉可湿性粉剂15g对水50kg喷雾。

（2）麦蚜、麦叶蜂防治。在4月中下旬至5月上中旬，用菊酯类农药或快杀灵或吡虫啉或乐果喷雾防治。

（3）麦白粉病防治。当田间病茎率达到20%时，每亩用20%粉锈宁乳油40~60ml或25%多菌灵500倍液喷雾防治。

（4）小麦赤霉病防治。4月下旬至5月上旬是预防和防治的关键期，每亩用50%多菌灵可湿性粉剂100g或70%甲基托布津可湿性粉剂50~75g对水60ml喷雾，一般降雨前用药1次，降雨后喷药1~2遍。

（5）小麦纹枯病的防治。当病株率达到15%时，每亩用5%井冈霉素200~300g对水30~50kg喷麦株基部。

（6）小麦条锈病的防治。密切关注小麦条锈病发生动态，发现发病中心及时每亩用12.5%烯唑醇20~30g或15%三唑酮粉100g对水喷雾。重点做好小麦纹枯病、麦蜘蛛和杂草防治。

第七章　小麦后期生产管理

后期是指从小麦开花到籽粒成熟所经历的一段时间，一般30~35天。小麦开花后，所有营养器官建成，营养生长结束，转向生殖生长阶段，籽粒是生长中心。小麦籽粒中营养物质有2/3以上来源于后期光合产物。但是，此期根、叶等营养器官进入功能衰退期，新根基本停止生长，老根逐渐丧失吸收能力，叶片由下向上逐渐变黄死亡；从产量器官看，穗数已经定型，但是穗粒数和粒重则受后期环境条件影响。后期的主攻方向：在中期管理基础上，保持根系的正常生理机能，延长上部叶片的功能期，提高光合效率，以水养根，以根护叶，药液保叶，促进灌浆，实现粒多、粒重。

第一节　浇好灌浆水

小麦籽粒形成期间对水分要求迫切，水分不足，导致籽粒退化，降低穗粒数。因此，要及时浇好扬花水。进入灌浆以后，根系逐渐衰退，对环境条件适应能力减弱，要求有较平稳的地温和适宜的水、气比例，土壤水分以田间最大持水量的70%~75%为宜。因此，要适时浇好灌浆水，有利于防止根系衰老，以达到以水养根、以根养叶、以叶保粒的作用。

浇灌浆水的次数、水量应根据土质、墒情、苗情而定，在土壤保水性能好、底墒足、有贪青趋势的麦田，浇一次水或不浇水。其他麦田一般浇一次水。每次浇水量不宜过大，水量大、淹水时间长，会使根系窒息死亡。

由于穗部增重较快，高产田灌水时要注意气象预报和天气变化，预防浇后倒伏，一般做到无风抢浇，小风快浇，大风停浇，昼夜轮浇。

后期停水时间，还要看具体情况而定。在正常年份以麦收前7~10天比较适宜。过早停水，会使籽粒成熟过快，影响粒重。多雨年份应提早停水。对于土壤肥力高及追氮肥量大的麦田，灌浆期叶色仍浓绿不退，也应提早停水，以水控肥，防止贪青晚熟。

第二节　小麦"一喷三防"技术

为科学应对和预防异常气候对小麦生长的不利影响，广大农民朋友应做好以"一喷三防"为重点的小麦中后期田间管理工作。下面我们了解一下小麦"一喷三防"是什么，其主要措施是什么。

小麦一喷三防技术措施在具体实施上，要立足早防早治，在小麦扬花后根据小麦病、虫害发生情况及时进行防治，提倡杀虫剂、杀菌剂和营养剂（磷酸二氢钾或水溶性复合肥）或天达2116等综合运用，达到"一喷三防"的目的。

（1）要每隔5~7天喷施一遍叶面肥，确保在5月底前喷施2~3遍叶面肥。对小麦灌浆期间墒情不足麦田，要及时浇好扬花灌浆水。注意，在小麦收获前10~15天不要再浇水。小麦"一喷三防"的药剂配方：亩用烯唑醇50g+吡虫啉20g+磷酸二氢钾100g，对水30kg喷雾防治。

（2）用药量要准确。根据亩用药量及用水量配制药液。配制采用标准计量器，切勿随意加药。

（3）田间喷药要选在早晨无露水或16时后进行，严格农药操作规程以免不安全事故发生。喷药后 6h 内遇雨应补喷。

第三节 小麦倒伏及防倒措施

"麦倒一把草、谷倒一把糠。"小麦倒伏后，叶片重叠，光合作用受到严重影响，养分运输也受阻，成熟延迟，对产量影响很大。一般倒伏减产 20% 左右，严重者可达 40%～50%，这是高产麦田持续高产稳产的最大障碍之一。倒伏一般发生在抽穗以后，倒伏愈早，减产愈重。倒伏有两种类型。

1. 根倒伏

主要由于耕层过浅，整地、播种质量差等原因，导致根系发育不良，入土较浅，或因前期未浇水，后期浇水量过大，土层湿软，又遇风雨引起的倒伏。

2. 茎倒伏

是指茎基部弯曲或折断，通常是因为播量过大，肥水充足，特别是氮肥过多，管理不当，造成分蘖过多，群体过大，两极分化慢，田间郁蔽，光照不足，基部节间过长，秆壁薄而不实，干物质积累少而引起的，所以，高肥水晚播麦田更易发生茎倒伏。

一、预防小麦倒伏的根本措施

耕层浅、整地差、氮肥用量大和播量过大都是引起倒伏的原因，因而预防小麦倒伏应该从多方面着手，采取综合的防治措施。

（一）选用抗倒伏品种

特别是在高肥水麦田，应选用矮秆或半矮秆、茎秆粗壮韧性强、株型紧凑、叶片上举、根系发达的高产抗倒品种。

（二）深耕细作，加深耕层

机耕机耙配套，提高整地质量，达到上虚下实，以利根系发育下扎。

（三）适量下种，合理密植

实行宽窄行播种，特别是中高产麦田，要普遍推广精量、半精量匀播技术，确保合理的基本苗数。

（四）培育壮苗

控制旺长，建立合理的群体结构，改善麦田通风透光条件。

（五）科学运用肥水，合理促控管理

防止倒伏的根本途径是适当降低基本苗和运用氮肥后移技术。

特别是对越冬群体偏大，有旺长趋势的麦田和底肥充足的晚播麦田，冬季和返青期均应控制肥水，以免春蘖大量滋生。倒伏也与后期浇水不当有关，浇水时土壤松软，中上肥力麦田易发生倒伏。因此，后期浇水要特别注意天气预报，掌握无风抢浇，大风停浇。

二、预防小麦倒伏的补救措施

（一）深中耕

对于群体偏大、有倒伏可能的麦田采用深中耕（7~10cm），可有效控制分蘖增长，加速无效分蘖消亡，抑制高位分蘖萌生，促进主茎和大分蘖生长，起到控上促下、加速两极分化和控旺转壮等作用，能有效防止小麦倒伏。

（二）镇压

对于群体较大、种植植株较高品种的麦田，除深中耕控制群体过大外，还应在起身后期、拔节前期进行镇压，以促进地下根发育，蹲实基部节间，控制旺长。镇压时应掌握"地湿、早晨、阴天"三不压地原则。

（三）喷施化学药剂

在小麦三叶期和起身期，每亩用 15% 的多效唑 50~60g 对水 50kg，叶面喷施，或在小麦拔节后 1~3 节伸长时，用矮壮素 10~15ml 对水 50kg，喷撒叶面 1~2 次，也有抑制株高、防止倒伏的作用。

第四节　根外追肥

小麦开花到乳熟期如有脱肥现象，可以用根外追肥的方法予以补充。苗情差的情况下，后期叶面喷肥尤其重要。各地试验证明，开花后到灌浆初期喷施叶面肥有增加粒重的效果。据唐山地区多点试验，增产幅度达 4.7%~14.4%。叶面肥的适宜浓度为尿素 1%、硫酸铵 2%、氯化钾或硫酸钾 1%、磷酸二氢钾 0.2%~0.3、亚硝酸钠 0.02%、光合微肥 0.2%、抗旱剂 1 号 0.1% 等，此外还有小麦专用微肥、丰产宝、喷施宝、绿风 95、翠竹植物生长剂等复合营养剂。要根据使用目的合理选择，喷施浓度不可过大。

喷药应选在无风的阴天或晴天 10 时以前，16 时以后进行。中午气温高，不宜喷施。一般要避开扬花期，以免影响小麦的正常授粉和受精。若需在扬花期喷肥，应尽可能避开 9—11 时和 15—18 时两个扬花高峰时段。

第五节　病虫害防治

白粉病、锈病、蚜虫、黏虫、吸浆虫等是小麦后期常发性病虫害，纹枯病在个别地块常严重发生，个别年份的赤霉病等也常有发生，这些病虫害对千粒重影响很大。准确做好病虫测报，及时防治，是增粒重、增产量的重要措施。

小麦病虫害为害损失率应控制在5%以内。防治策略：树立"公共植保、绿色植保"理念，贯彻"预防为主、综合防治"的植保方针。监测预警重点为小麦吸浆虫成虫、小麦蚜虫、小麦白粉病、赤霉病。根据不同地区病虫发生种类的异同，坚持因地制宜、分类指导，突出抓好适期早治，一喷三防，一药多效。

（1）防治吸浆虫成虫和小麦蚜虫。当吸浆虫开始羽化、产卵，小麦上部有吸浆虫产卵，中下部叶片有小麦蚜虫繁殖时，可选用4.5%高效氯氰菊酯、10%吡虫啉1 000倍液喷雾防治，喷药时在喷洒穗部的同时，注意喷洒植株中下部，将栖息于植株中下部的蚜虫一并消灭。一定要注意喷药时间，扬花前喷，白天均可；扬花期喷药，一定要避开小麦开花高峰期，防止产生药害，导致花而不实或秕粒的产生。

（2）推行一喷三防技术。需同时兼治白粉病、锈病等病害时，在防治吸浆虫成虫和蚜虫的药液中按1 500~2 000的稀释倍数加12.5%烯唑醇、25%戊唑醇或按1 000倍的稀释倍数加20%三唑酮、50%多菌灵混合喷雾，可以同时防治白粉病、纹枯病、叶枯病等。在药液中加叶面肥，达到一喷多防的效果，发挥防治病虫、抵御干热风、增粒重的多重作用。

（3）及时拔除禾本科恶性杂草。节节麦、野燕麦、雀麦、看麦娘等比小麦成熟早，要在小麦抽穗灌浆前彻底拔除干净，并带出田外，将其消灭在结籽之前。

第八章　优质强筋、弱筋小麦生产技术

第一节　强筋小麦生产技术

强筋小麦栽培技术的主攻目标是在保持和提高强筋小麦品质特性的基础上，实现强筋小麦高产与优质、高产与高效的同步。1999 年国家技术监督局颁布了强筋小麦国家标准（GB/T 17892—1999）：强筋小麦要求籽粒容重 ≥770g/L，降落数值 ≥300s，烘焙品质评价值≥80，水分 ≤12.5%，强筋一等小麦为粗蛋白质含量（干基）≥15.0%，湿面筋含量（14%水分基）≥35.0%，面团稳定时间≥10min；强筋二等小麦为粗蛋白质含量（干基）≥14.0%，湿面筋含量（14%水分基）≥32.0%，面团稳定时间≥7min。此标准与弱筋小麦品质指标相比，除水分和容重外，其他指标都是反向的，即弱筋小麦追求"低"，强筋小麦追求"高"；与普通中筋小麦相比，标准取向是一致的，但强筋小麦的品质指标高于中筋小麦。因此，强筋小麦栽培的目标，就是在适宜的生产区域、选用强筋的小麦品种、采用合理的栽培措施、生产出合格的强筋小麦。遵循"产量质量并重、效益为本"的原则，通过栽培技术调控，确保强筋小麦产量与中筋小麦基本相当、品质高于中筋小麦，使强筋小麦生产最终效益高于一般小麦生产。基于小麦消费市场需求，在目前和今后相当长的时期内，强筋小麦生产必须处理好优质与高产的矛盾，强筋小麦栽培仍然要以"高产"为前提，在高产的基础上追求优质，而不是单纯、片面地追求"优质"。

一、选用优质强筋小麦品种

经过生产和市场的双重选择，强筋小麦品种也在不断淘汰与更新。近年来，小麦生产上面积较大的强筋小麦品种主要有豫麦34、郑麦9023、新麦26、新麦19、郑农16、藁城8901、西农979、郑麦366、郑麦7698等，这些品种的亩产水平都能达到600kg左右，高的可达到700kg以上，与当地普通小麦产量水平相当。要根据当地生态条件和产量水平，因地制宜，选用强筋小麦品种与选用普通小麦品种有4个不同方面：一是要考虑品种的丰产性、抗逆性、成熟期、株高等生物学方面的特征特性；二是要清楚品种的外观品质、营养品质、加工品质等品质方面的特征特性；三是要考虑品种的市场适应性，如果该品种还没有被市场（面粉加工企业）认可，就要慎重种植，因为购销加工企业不了解这个品种，即使品质好，也难以实现优质优价；四是比选用普通品种更要注意种子质量，特别是种子纯度，生产出来的商品强筋小麦纯度不高时影响销售等级价格。因此，要全部使用原种，杜绝种植自留种。

在强筋小麦品种的推广利用方面，应注重"相对稳定"和"稳步更新"相结合，一方面使面粉加工企业保持对特定优质强筋小麦品种的稳定认可，另一方面还要促进优质强筋小麦品种更新，不断提高强筋小麦品种的质量和产量。

二、播种技术

(一) 推广包衣种子和种子处理

近年来，小麦生产上已普遍采用了以防治小麦苗期病虫害为主、以调节小麦生长为辅的不同配方种衣剂包衣技术。采用种子包衣技术，不仅可以防治地下害虫和苗期易发生的根腐病、纹枯病等病虫害，降低强筋小麦籽粒黑胚率，而且有利于培育冬前壮苗，对小麦春季病害具有一定预防控制效果。种子包衣剂的成分，可以根据不同地区的具体情况和生态条件、病虫害种类、调节生长的实际需要进行调整，使之更具有针对性。包衣种子一般经过种子纯度、净度、水分、发芽率等技术指标的鉴定，应用起来安全、方便，目前已成为对种子进行处理的主要措施，推广包衣种子也是小麦规范化栽培的方向。如果应用未包衣种子，为防治地下害虫和小麦土传、种传病害，可采用种子处理和土壤处理两种方法。以地下害虫为主的地块，可以采用50%的辛硫磷进行拌种，堆闷2~3h后播种，可防治蝼蛄、蛴螬、金针虫等地下害虫；在锈病、纹枯病、黑穗病、全蚀病、白粉病易发生区，可用20%的粉锈宁或多菌灵拌种；需要同时防治病害和虫害时，可选用杀虫剂和杀菌剂混合拌种，达到病虫兼治的效果。小麦吸浆虫发生严重的地区，亩用辛硫磷颗粒剂3kg，犁地前均匀撒施地面，随犁地翻入土中。

（二）足墒播种，一播全苗

播前造好底墒，足墒下种是实现苗全、苗匀、苗壮的基础。适宜种植强筋小麦的土壤为两和土、黏壤土或黏土，最适宜出苗的土壤含水量为：两和土18%~20%，黏壤土20%~22%，黏土22%~24%，如果土壤水分低于上述指标，就应浇好底墒水，同时保好口墒，若土质十分黏重的地块，也可先种后喷灌或浇蒙头水，确保一播全苗，为冬前小麦的健壮生长奠定坚实的基础。

（三）适期精量播种

不同播期对强筋小麦产量的影响与普通小麦是一样的，播期对强筋小麦籽粒品质没有规律性的影响。适宜的播期能够提高强筋小麦籽粒容重，进而提高强筋小麦销售等级；在晚播情况下，"晚播晚收"比"晚播早收"能够改善强筋小麦品质，这一结果表明，播期早晚、生育期长短均对强筋小麦产量和品质产生影响。因此，对一定地区的具体强筋小麦品种，确定其适宜的播期、最大限度地延长生育期对实现强筋小麦高产、优质尤其必要。

适期播种是充分利用当地光热资源、培育冬前壮苗、取得小麦优质高产的关键技术，过早或过晚播种对强筋小麦的产量和品质均有不利影响。小麦的适宜播种期要根据当年的气候条件、品种的冬春性、耕作制度等来确定，原则是要求在越冬前达到壮苗标准。黄淮地区中北部平原麦区半冬性品种一般在 10 月 5—15 日，弱春性品种在 10 月 15—25 日；南部麦区多选用春性品种，则一般在 10 月中下旬播种。

确定适宜的播种量，对于形成合理的小麦群体结构、群体与个体的生长协调、提高光能利用率以及实现强筋小麦优质高产都至关重要。具体的播种量可遵循"以田定产，以产定种，以种定穗，以穗定苗，以苗定播量"的原则，根据土壤肥力水平、土壤类型、品种特性等来确定。近年来，高产田多采用精量或半精量播种，一般半冬性品种每亩基本苗 10 万~12 万，折合播量为 5~6kg；弱春性品种，每田基本苗 13 万~15 万，折合田播量为 6.5~7.5kg。具体到每块地的播种量，要根据基本苗计划（实际是地力水平）、种子的千粒重和发芽率、整地质量和土壤墒情等情况综合确定，不能把播量作为单一的因素来考虑。高产麦区新麦 19 号亩播量 7.5kg 产量居首位。在适宜播期以后播种，要注意适当增加每亩播种量，一般每推后一天，每亩应增加播种量 0.25kg。

为提高播种质量，保证播种的均匀度，应大力提倡机播或精播楼播，播种时要严格掌握播种行进速度和播种深度，播深 3~5cm，做到播量精确，下种均匀，深浅一致，不漏播不重播，达到苗全、苗匀的播种标准。种植模式对强筋小麦品质没有明显影响，要根据品种特性、地力水平，按照一般高产要求合理配置行距，确定适宜的种植模式。高产田一般采用 23~25cm 等行距，或

20cm×20cm×30cm 宽窄行种植，中产田采用 20cm 等行距种植。

三、管理技术

（一）冬前管理

俗话说："种好是基础，管好是关键，关键在冬前。"所谓冬前就是指从小麦播种出苗到越冬前这段时期，是小麦以生根、长叶、分蘖为主的营养生长时期。冬前管理的主攻目标是确保全苗，促使小麦早分蘖、长大蘖、盘好根，培育冬前壮苗，使麦苗安全越冬。多年的生产实践经验证明，充分利用这段时间的积温，加强冬前管理，促使小麦早发壮苗，增加小麦抗灾能力，提高成穗率，奠定小麦丰收基础意义重大。

在黄淮冬麦区，小麦冬前壮苗的标准是：半冬性品种冬前叶龄达到 6~7.5 片，单株总头数 5~8 个，单株次生根 5~10 条，群体亩头数 60 万~80 万；弱春性品种冬前叶龄达到 5~6.5 片，单株总头数 4~6 个，单株次生根 5~10 条，群体亩头数 65 万左右。

1. 查苗补种，疏稠补稀

小麦出苗后，要立即进行查苗。对缺苗断垄（10cm 以上无苗为"缺苗"，17cm 以上无苗为"断垄"）的地方，用同一品种的种子浸种催芽后及早补种，要求在小麦二叶期前补完；对出苗过于密集的地方，要在分蘖前及时进行疏苗；对小麦开始分蘖后仍有缺苗断垄的地方，要及早进行移栽补苗，在本田块疏稠补稀。移栽时覆土深度以"上不压心、下不露白"为标准，栽后要及时浇水、封土踏实，以保证成活。多年的实践证明，补种与移栽相比，补种方法简单易行，工效高，且补种的麦苗生长比较健壮，与原先播种的麦苗生长差异小，对最终成穗数影响较小。

2. 适时冬灌

适时冬灌是强筋小麦高产、稳产的有效措施，冬灌不单单是解决冬季的麦田墒情，更重要的是能够平衡地温、促进越冬期小麦根系下扎、压低病菌虫卵越冬基数和预防春季干旱，为春季管理争取主动。冬灌的适宜时间，一般从日平均气温降到3℃时开始、降到0~1℃时结束，即"夜冻日消，浇完正好"为最佳冬灌时期，确保在上大冻之前冬灌结束。冬灌要在晴天上午进行，以浇水后当天渗完为好。灌水量要因地因苗而宜，既要浇透，又要杜绝大水漫灌，对于长势较弱的三类苗麦田、低洼下湿麦田，不进行冬灌。

3. 冬前中耕

浇过蒙头水的麦田，在小麦齐苗后，及时划耧松土；一般麦田在11月中下旬进行浅中耕，可以破除板结，消灭杂草，改善土壤通透性，提高地温，调节土壤水分，增强土壤微生物活性，有利于土壤养分的释放，并且有促进根系发育，促进大蘖生长的作用，是小麦促弱转壮的重要措施之一。苗期中耕应根据苗情、墒情和土壤质地来确定。对晚播弱苗，根系较浅较少，应进行浅中耕，以防伤根和埋苗；对长势偏旺、植株高度超过27cm、亩群体大于80万头的地块，应进行深中耕断根，深度可在10cm左右，控制旺长。

4. 冬季追肥

对于底肥施入不足、冬前个体达不到壮苗标准、亩群体在50万以下的麦田，可结合冬灌，亩追施纯氮4~6kg。稻茬撒播麦田，要趁雨、雪或灌水及早按底肥用量将肥料撒入。采用"冬前两次施肥法"效果更好，水稻收割前一周，趁墒撒施高氮复合肥10kg，利于壮苗。水稻收割后（11月中旬）小麦三叶后，每亩撒复合肥25kg，施后浇水，促壮苗越冬和春季早发。山丘区、稻茬麦区以及晚播麦田，采用粉碎的秸草或粗粪覆盖麦田，既保墒增温，又能够减少越冬期麦根裸露，有利于麦苗安全越冬。

5. 预防旺长

对于播种偏早、播量偏大、有旺长趋势的麦田，在分蘖期以后到上冻以前，采取深中耕断根（见冬前中耕）、镇压或化控等多种形式，抑制地上部生长，控旺促壮。镇压一般选择晴天下午进行，但对于土壤湿度大、含盐量高的麦田则不宜镇压；化控采用 15% 多效唑每亩 30~50g，对水 50kg 均匀喷雾，或用 50% 矮壮素水剂 500 倍液 40kg，均匀喷洒，抑制麦苗生长过快，预防旺长。

6. 化学除草

杂草严重的地块，在小麦分蘖期根据田间杂草种类，科学选用除草剂，进行化学除草。以猪殃殃、播娘蒿等双子叶杂草为主的麦田，亩用噻磺隆 1~1.5g 有效成分，或用 10% 苯磺隆可湿性粉剂 10~20g，或用 75% 干燥巨星干悬剂 1g，加水 50kg 喷雾；以野燕麦、看麦娘等单子叶杂草为主的麦田，亩用 36% 禾草灵乳油 130~180ml，或用 6.9% 骠马乳油 40ml，加水 50kg 喷雾；以碱茅、硬草、荠菜等杂草为主的稻茬麦田，亩用 50% 异丙隆可湿性粉剂 100~150g，对水 30~45kg 均匀喷洒。使用化学除草剂一定要严格按照产品说明书进行，不可随意加大或减少用药量，也不可随意漏喷或重喷，同时要选择在无风晴朗的天气条件下喷洒。对喷过除草剂的器械，要注意做好清洗等处理。

（二）春季管理

春季管理是指小麦返青到抽穗期的管理。这一阶段是小麦一生中生长发育最旺盛的时期，也是小麦需水、需肥最多的时期。此期，群体生长与个体生长、营养生长与生殖生长的矛盾十分突出，同时，随着温度的逐渐升高，病、虫、草的为害也逐渐进入高发期。在这个时期，麦田管理的主攻目标是因苗制宜，合理运筹肥水，调控两级分化，促弱控旺，争取穗大粒多，秆壮不倒，避免中后期田间群体过大，引起倒伏或病虫害严重，降低产量和品质。

1. 中耕保墒

在小麦返青期，对正常的麦田要普遍进行浅中耕1~2次，松土保墒，提高地温；对亩群体超过90万的麦田要进行深中耕，以控制无效分蘖的滋生和促进无效分蘖的消亡，加快两极分化进程；对旱地麦田要做到勤中耕，细中耕，以及镇压中耕相结合的措施，以提高地温，促进麦苗早生快发，健壮生长。

2. 化学调控

对于植株偏高的强筋小麦，如果群体过大，就要及早采取化控措施，防止倒伏导致麦粒透明度差，出粉率低，磨粉和烘烤品质下降。在小麦返青期，每亩用30~40ml壮丰安或多效唑粉剂40g对水50kg进行喷洒，可使植株矮化，抗倒伏能力增强，并能兼治小麦白粉病和提高植株对氮素的吸收利用率，提高小麦产量和蛋白质含量；在拔节初期，对有旺长趋势的麦田，用0.15%~0.3%的矮壮素溶液喷施，可有效地抑制基部间伸长，使植株矮化，基部茎节增粗，从而防止倒伏。实践证明，掌握好喷洒时期，可以有效控制倒伏，若喷洒过晚，不但起不到防止倒伏的效果，还可能带来不良后果。喷洒时间要选择在日平均温度10℃左右的晴朗无风天气进行，有利于植株吸收。

3. 化学除草

在小麦返青起身期，对杂草严重发生的地块，要根据不同杂草种类，进行化学除草，方法与冬前相同。若化学除草使用时期偏晚或用量过大，不仅会导致小麦穗子畸形、影响产量，还可能会对下茬作物产生为害。

4. 追施氮肥

强筋小麦在生育中后期对氮肥的吸收能力显著高于普通小麦

品种，在小麦生育中后期提供足够的氮肥，对保持和改善强筋小麦品质至关重要。一般对于生长稳健、群体适中的麦田，可在起身拔节期结合浇水每亩追施 10~13kg 尿素，在小麦抽穗前结合浇孕穗水补施尿素 5kg 左右。研究表明，在拔节期、孕穗期两次追施氮肥，不仅可以有效地减少小穗、小花退化，增加穗粒数，而且可以增加籽粒蛋白质含量 1~2 个百分点，提高面筋数量和质量，是强筋小麦栽培中实现产量、质量同步优化的一个关键措施。

5. 防治病虫

由于强筋小麦比普通小麦的吸氮量高，如遇暖冬天气，春季雨水多，极易发生纹枯病，如果防治不及时，就会引起倒伏、白穗等后果，降低产量和品质。目前生产上应用的强筋小麦品种，高抗纹枯病的品种并不多，因此，在起身期要普遍进行纹枯病防治，每亩用 5%井冈霉素水剂 100~150ml，或用 20%三唑酮乳油 50ml 加水 50kg 喷雾，兼防白粉病、条锈病。在拔节期每亩用 20%三唑酮乳油 50ml，或用 12.5%烯唑醇可湿粉 20g，加水 50kg 喷雾，防治白粉病、条锈病。对有蚜虫、红蜘蛛为害的麦田，每亩可用 10%吡虫啉可湿性粉 40~70g，或用 3%啶虫脒乳油 40~50ml 加 4.5%高效氯氰菊酯乳油 20~25ml，加水 50kg 喷雾，效果更好。

（三）后期管理

后期管理是指从抽穗开花到成熟期的管理。这一阶段，小麦的根、茎、叶等营养器官生长停止，生长中心转移到籽粒的形成与灌浆，叶片造成的光合产物和茎秆贮存的糖类、氮化物逐渐向籽粒运转，此期是决定小麦产量和品质的关键时期。在这个时期，麦田管理的主攻目标是养根、护叶、防早衰、防倒伏和防治病虫为害，促进有机物质的合成和向籽粒运转，提高粒重和品质。

1. 控制浇水

抽穗至成熟期间，降水、灌溉、土壤水分对强筋小麦品质影响显著。不少研究报道，小麦乳熟期至收割阶段，适当控制浇水，可提高籽粒的光泽度和角质率，明显减少"黑胚"现象，可提高籽粒蛋白质含量至少1个百分点，使面团稳定时间延长0.5～1min，而对产量影响却不大，还可防止浇水过后大风倒伏的现象发生。据2001年（中后期干旱年份）在当地黏壤土的高产麦田试验，在统一浇灌底墒水、拔节水的基础上，后期浇灌一水对强筋小麦产量和品质的影响是：4月15日灌溉（孕穗水），产量与不灌溉（对照）相当，降落数值较低，蛋白质、湿面筋与对照相当，稳定时间优于对照；5月10日灌溉（早灌浆水），产量最高，比不灌溉增产103%，比浇孕穗水也明显增产，蛋白质含量略低于不浇水的对照，湿面筋含量最高，稳定时间、评价值明显高于不浇水；5月20日灌溉（晚灌浆水），产量第二，品质也可以；后期不灌溉，蛋白质含量最高，其他品质指标最低。这一研究结果表明，在高产麦田，后期田间适当的"干旱"对提高品质是有利的，后期不浇灌浆水对产量影响大。从产量和品质两个因素统筹考虑，强筋小麦在抽穗后如果田间不是过于干旱，一般可以不浇水，如果过于干旱需要浇水时，应在扬花后10天前后早浇、小浇，避免晚浇和大水漫灌。因此，习惯套种玉米的地区如果种植强筋小麦，不要浇灌麦黄水，改套种为收麦后直播，以提高强筋小麦品质。

2. 搞好叶面喷肥

叶面喷肥是强化后期营养、提高强筋小麦品质的重要措施。叶面喷肥能有效改善植株的营养状况，延长叶片的功能期，促进碳氮代谢，提高氮素营养供应强度，进而提高粒重和蛋白质含量，增加产量和改善品质。因此，在开花期和灌浆期进行两次叶面喷肥，每亩用尿素1kg或磷酸二氢钾200g，对水50kg喷洒，或其他质量好的叶面肥料，能够有效地预防干热风和提高籽粒蛋白质含量。试验证明，叶面肥在强筋小麦上施用，不但能够提高强筋小麦产量，同时能够提高强筋小麦品质。

3. 防治病虫害

小麦抽穗开花期，叶面积系数较长时间维持最大值，田间荫蔽，通风透光条件差，很容易发生病虫为害，从而大幅度降低小麦粒重，导致小麦减产和籽粒品质变差。特别是强筋小麦品种，植株内可溶性糖及可溶性氮化物较多，更容易遭蚜虫为害。因此，抽穗后应及时喷施吡虫啉或乐果等药物防治蚜虫为害，喷施粉锈宁防治锈病、白粉病、兼治叶枯病，有效地延长绿色叶片的功能期，提高千粒重。扬花初期还要注意防治赤霉病，灌浆期防治黏虫、麦蜘蛛、黑胚病等。应当注意的是，强筋小麦生长后期病虫害防治，一定要做到科学用药，过多的杀菌剂用量和使用次数，会导致品质性状下降，过多的杀虫剂使用，会导致强筋小麦籽粒农药残留增多。因此，强筋小麦后期病虫害防治，一方面要禁止使用国家规定的禁用农药品种，另一方面要按照无公害强筋小麦生产技术标准（参考 DB 4107/T 101—2006）规定的"最后一次用药距收获的天数"，遵守最后用药时间的限制，生产出无公害强筋小麦。

四、适时收获技术

收获时期对强筋小麦产量、营养品质、加工品质和种子质量均有较大影响。收获过早，籽粒成熟度差，含水量大，灌浆不充分，籽粒不饱满，粒重、容重下降；收获过晚，容易造成折秆、掉头落粒或遭受雨淋，加上呼吸作用和淋溶作用，使粒重降低，容重减小，色泽变差，黑胚粒增多，严重影响产量和品质，影响收购等级。强筋小麦收获与普通小麦收获相比，突出要注意4点：适宜的收获时期、收获前田间去杂、同品种机收连续作业、科学晾晒。强筋小麦机械适宜收获时期是蜡熟末期，此时麦穗和穗下节变黄，茎秆尚有弹性，籽粒颜色接近本品种固有的色泽，大部分好粒变硬，含水量在22%左右。强筋小麦在收获前10~20天要进行1~2次田间去杂，拔除杂草和异作物、异品种植株，提高商品粮纯度；收获时要组织好统一机收，加快收获进度，联合收割机收获时最好是按品种连续作业，严格按品种单收，换品种（地块）时要彻底清理机器，防止机械混杂；收获后要及时分品种晾晒，晾晒时要摊薄、多次翻动，以使粒色均匀一致；然后去净杂质，分品种贮藏，保持强筋小麦商品粮的纯度和质量。

第二节　弱筋小麦生产技术

一、选择适宜地区和适宜土壤

根据品质生态区划研究，弱筋麦适宜种植在北纬32°50′以南的半湿润地区。适宜土壤为沙土、沙壤土以及壤质黄褐土、水稻土。土壤有机质含量在1%左右，全氮0.1%上下，速效磷（P_2O_5）20mg/kg、速效钾100mg/kg。

二、合理配方施肥，适当控氮增磷，减少中后期追氮

弱筋麦要求蛋白质、湿面筋含量低，面团稳定时间短。大量试验证明，氮肥量增加，弱筋麦的蛋白质、湿面筋含量增高，面团品质变劣。为了兼顾产量品质，据多点试验，目前弱筋麦品种的适宜施氮量为12~14kg/亩。

磷肥对提高弱筋麦品质和产量都有良好作用，适宜弱筋麦种植区多数田块供磷不足。因此，弱筋麦种植区必须增施磷肥，一般施磷（P_2O_5）10kg/亩以上。在速效钾含量较低的麦田，要求施钾（K_2O）10kg/亩。氮：磷：钾＝1：0.8：0.8。

为稳定弱筋小麦较低的蛋白质、湿面筋和面团稳定时间，必须注意氮肥运筹与强筋麦和高产麦田的区别。弱筋麦提倡氮肥全做底肥"一炮轰"或者底追比例7：3，追肥期不迟于拔节期。最好在小麦灌浆后喷两次磷酸二氢钾，促使籽粒饱满、改善品质。

三、注意生育中后期灌水

弱筋麦一生必须保证充足的水分供应，在足墒播种基础上，一般应保证小麦返青—拔节期浇1~2水，干旱年份要浇好灌浆水，保证灌浆期土壤含水量达到田间持水量的70%~75%。由于雨水充足，在小麦生育后期还要注意及时排水，防止渍害。

四、及时防治病虫害

弱筋麦种植区的降水多、空气湿度大，病虫害常年发生严重，为保证小麦籽粒饱满，必须加强小麦生育中后期的病虫害防治。在进行土壤处理和包衣种子基础上，注意早春纹枯病和抽穗后的白粉病、锈病及蚜虫防治，一般可用粉锈宁喷洒2~3次，不仅杀死病菌，而且起到改善品质的作用。有人研究认为，冬前或早春喷洒多效唑，不仅可降低株高，防止倒伏，增加粒数和粒重，提高产量，而且能降低籽粒蛋白质和湿面筋含量，改善弱筋麦品质。

第九章　旱地小麦生产技术

第一节　旱地小麦的生育特点

1. 株高降低

旱地小麦营养生长受抑制，株高降低，叶片窄小，穗部性状变劣，穗少穗小。株高一般比正常条件下矮10~20cm。

2. 根冠比大

旱地小麦根系发育好，根冠比大，分布在深层的根系比例大。小麦生育后期上层土壤干燥缺水，但透气性好，而下层土壤含水量相对较高，能够维持小麦生育后期深层根系活力，满足地上部对水分和矿质养分的需求，保证养分运转。

3. 冬前群体大，分蘖多集中在冬前

由于旱地小麦一般播种较早，气温较高，冬前积温量大，小麦营养生长快，分蘖高峰期提前，造成旱地小麦单株分蘖多，冬前群体大，为保证形成较多的单位面积穗数奠定了基础。

4. 返青期群体大

旱地小麦群体最大时出现在返青期，分蘖的两极分化早，起身后分蘖迅速下降。进入拔节期分蘖大小整齐，麦脚利落，无田间郁蔽现象，有利于实现高产旱地小麦穗数与穗粒数协调发展同步增长。

5. 熟相好

旱地小麦生长稳健，熟相好。生育前期表现叶片较小，植株清秀；生育后期中上部叶片维持青绿的时间长，有利于保持后期较大的叶面积系数，灌浆期叶面积系数保持在 4 以上，可促进光合物质的生产及向籽粒中的运转。

第二节　旱地小麦抗旱生产技术

旱地小麦的一切技术措施都应根据旱地特点，以水为中心，从蓄水、保水和节水出发，提高旱地小麦生产水平。旱地小麦栽培技术体系可概括为：有效地蓄水保墒田间耕作、迅速提高地力的施肥技术、抗旱节水的优良品种、培育壮苗的播种技术、高产低耗的麦田管理技术。通过这些技术的综合应用，充分利用有限的降水，发挥其最大的增产作用，实现旱地小麦生产的稳产高产低耗。

（一）蓄墒保墒，伏雨春用

土壤中有效的贮存水分，决定小麦的产量。增加土壤贮水主要通过深耕蓄墒、耙压保墒以及土壤覆盖栽培等一整套有效的土壤耕作措施来完成。

（1）深耕蓄墒。适时深耕是纳雨蓄墒的关键。深耕的时间一般宜在伏天和早秋进行。一年一作的旱地，伏前深翻，尽可能蓄住天上水，保住地中墒，可起到伏雨春用、春旱秋抗的作用。深翻后及时多耙，合口过伏，使土壤形成里张外合的结构，既能接纳雨水，又可防止地表径流，为小麦播种创造一个肥足墒饱、疏松透气的土壤环境。一年两作的种植制度，可在前茬作物播种前进行。如前茬作物未能深翻，收获后应及早深耕，结合深耕将所施有机肥、化肥一次性施入，深耕后要及时耙耱，尽量减少墒情散失。

耕翻深度一般以 20~22cm 为宜，有条件的地方可加深到 25~28cm，深松耕深度可至 30cm。同一块地可每 2~3 年进行一次深耕。

（2）耙压保墒。耙糖时间从立秋到秋播期间，每次下雨以后，地面出现花白时，就要耙糖一次，以破除地面板结，纳雨蓄墒。秋作物收获后，旱地麦田小麦播种前秋耕时必须要做到随收、随耕、随耙、随播、随镇压。耙时要横耙、顺耙、斜耙交叉进行多次，力求把土地耙透、耙平，为小麦适时秋播保全苗创造良好的土壤环境。

镇压分为播前播后镇压和冬春麦田镇压。播种前后土壤墒情差就需要进行镇压提墒，以利种子发芽出苗和安全越冬。冬季麦田镇压在土壤开始冻结后进行，春季返浆期以后，土壤水分急剧下降。在土壤解冻达 3~4cm，昼消夜冻时，要顶凌耙地，减少水分蒸发损失。

（3）覆盖保墒。覆盖具有显著而稳定的聚水、保墒、增温作用，提高自然降水保蓄率和利用率，在干旱缺水地区具有特殊的意义。目前旱地麦区比较理想的覆盖保墒耕作技术有两种：一是秋作覆盖。在夏玉米生长 1m 左右时，将麦秸铡成 5cm 左右的小段，每亩覆盖秸秆 150~200kg，均匀地撒于田间。二是麦田覆盖。一般是在小麦播种后出苗前，将麦田均匀地覆盖上一层秸秆，覆盖量以每亩 300~350kg 为宜，以护土保墒，减缓冬季土温变化幅度，利于麦苗越冬。

（4）依墒播种。旱地小麦的丰歉，受播前土壤水分和小麦生育期间的降水量制约，产量的 60% 取决于小麦播前底墒，40% 靠小麦生育期间的降水。根据小麦播前土壤墒情，估计小麦的产量，确定小麦的播种方案。足墒年份，播前每亩 1m 土体土壤含水量 180m³ 以上，在不考虑小麦生育期间降雨的情况下，旱地小麦的每亩产量在 200kg 左右；平墒年份，土壤含水量 150m³/亩，小麦的亩产量在 125kg 左右；欠墒年份，土壤含水量 120m³/亩以下，很难保证小麦的产量，一般产量都在 100kg/亩以下。旱地小麦生产方案，依据墒情年份，足墒年份，可适当扩大旱地小麦的种植面积；欠墒年份，则应有选择地种植旱肥地，并加大抗旱措施的力度，保证旱地小麦生产。

（二）适时早种，培育壮苗

旱地麦生长发育较慢，冬前形成壮苗需积温较多。适期早播，保证旱地麦冬前形成壮苗的有效积温，保证分蘖数量，促进根系发达深扎，有较多的绿叶越冬和糖分积累，形成冬前壮苗，是实现旱地小麦高产稳产的关键措施之一。

旱地小麦壮苗个体标准是，冬前分蘖 3~4 个，主茎叶片 5~7 片，7~8 条根。一般需有效积温 650~700℃·d，比水地麦多需积温 50~100℃·d，播种时间要比当地小麦适宜播期早 5~7 天。根据冬前有效积温推算，旱地小麦播种适期范围在 9 月 23—30 日，最好在 10 月 5 日前全部播种结束，确保小麦进入越冬时，达到 6 叶 1 心的壮苗标准。

（三）群体调控，高产低耗

（1）旱地小麦的群体结构。旱地小麦群体结构分为旱薄地和旱肥地两种类型，每亩产量 400kg 左右的旱肥地高产麦田，群体结构为亩基本苗 18 万~20 万，冬前亩茎数 70 万~80 万，穗数 40 万，一般穗粒数 25~30 粒，穗粒重 1g 左右；旱薄地麦田产量水平在 150kg，群体结构为亩基本苗 16 万~18 万，冬前茎数 60 万~70 万，穗数 25 万~30 万，一般穗粒数 18~20 粒，穗粒重 0.6~0.7g。旱薄地麦田冬前群体并不太小，产量低的主要原因是供肥不足、成穗数少、小花退化严重、穗粒数少所致。

（2）小麦群体结构的调控。旱地小麦群体自动调节能力差，对群体的调控措施都是通过播种环节来实现的。播期、播量、播种形式是旱地小麦群体结构调控的重点。

旱地小麦播期的确定，要服从墒情。在土壤水分和养分不成限制因素的条件下，在最佳播种期播种对培育壮苗有决定性意义。以日均气温 16~18℃、播后 6 天出苗最为适宜，要在适播期内力争早播。

当土壤有失墒危险时要抢墒播种。小麦播种时耕层土壤含水量在 10%~15%，可以采取积极措施，按照有墒不等时的原则，采取多耙提墒抢墒早播；土壤含水量在 8%以下时，不要等雨，可根据时到不等墒的原则进行寄种，播种后只要遇一次降水量达 15mm 以上的降雨就可以出苗。

旱肥地麦田因墒早播时，不宜施种肥，并应降低播量，要防止麦苗冬前过旺，群体过大，养分消耗过多，后期早衰。

播量一般比水地小麦播量要小，每亩播量在 9kg 左右，保证每亩 18 万基本苗，要求主茎成穗和分蘖成穗并重。欠墒年份小麦的播量要降低，每亩播量 7~9kg，足墒年份播量可适当增加，每亩 8~11kg，以充分利用土壤水分。

旱地小麦的播种形式主要是条播等行距播种。高产栽培条件下宜适当加宽行距，有利于通风透光，减轻个体与群体矛盾。行距一般为 20~22cm，也可以采取大小行种植的方式，大行距 28cm，小行距 20cm。

（四）麦管化促，确保丰收

（1）加强田间管理。重点是保墒防旱：一是应在雨后及早春土地返浆时进行中耕锄划。二是播种后和早春表土干旱时镇压。当耕层坷垃过多、土壤空隙大时，早春管理可采取中耕与镇压相结合的方法，先镇压，后中耕。三是早春追肥，对底肥不足麦田可在早春土地返浆时，用耧在垄背上耩尿素化肥每亩 10kg，补充肥料的不足。生育后期，如果出现脱肥现象，要根据条件进行根外追肥或借墒追肥。四是要防治虫害，主要是小麦播种时的地下害虫、起身后的麦蜘蛛和抽穗后的麦蚜。

（2）旱地麦化学抗旱增产技术。所用的药剂主要包括保水剂、抗蒸腾剂、微量元素等。其作用原理是利用它们对水分的调控机能，增强作物抗旱能力，抑制叶面蒸腾，补充微量元素不足，一般可增产 10% 左右。常用的方法有拌种、叶面喷施等。①药剂拌种。常用方法有用保水剂 50g，加水 5kg，拌麦种 50kg，与麦种拌匀后播种；用黄腐酸（又叫抗旱剂 1 号）200g，加水 5kg，拌麦种 50kg，拌匀后晾干播种，可提高种皮吸水能力，加快其生理活动，促进幼根生长；用优质过磷酸钙 3kg，加水 50kg，溶解后滤除杂质，在滤液中加入硼酸 50g，搅匀后取溶液 5kg，拌麦种 50kg，晾干后播种，可使麦苗生长健壮，抗旱能力增强；用氯化钙 500g，加水 50kg，拌麦种 500kg，拌匀后堆闷 5~6h，晾干后即可播种。②叶面喷施。在小麦拔节期、灌浆期，用 0.1% 氯化钙溶液叶面喷施，可增产 5%~10%；在小麦拔节期、孕穗期，每亩用抗旱剂 1 号 50g，加水 2.5~10kg，溶解后叶面喷雾 2 次，可以缩小叶片上气孔的开张角度，降低蒸腾强度，提高根系活力，抗旱增产。

第十章　小麦病虫草害及防治

第一节　小麦病害及防治

一、小麦纹枯病

（一）症状

主要发生在小麦叶鞘和茎秆上，拔节后症状明显。发病初期，在近地表的叶鞘上产生周围褐色、中央淡褐色至灰白色的梭形病斑，后逐渐扩大扩展至茎秆上且颜色变深，重病株茎基 1~2 节变黑甚至腐烂，常造成早期死亡。小麦生长中后期，叶鞘上的病斑常形成云纹状花纹，病斑无规则，严重时可包围全叶鞘，使叶鞘及叶片早枯；在病部的叶鞘及茎秆之间，有时可见到一些白色菌丝状物，空气潮湿时上面初期散生土黄色至黄褐色霉状小团，后逐渐变褐；形成圆形或近圆形颗粒状物，即病菌的菌核（图 10-1、图 10-2）。

图 10-1　小麦纹枯病植株被害症状

图 10-2　小麦纹枯病田间表现症状

（二）防治方法

（1）选用抗病品种。

（2）适时适量播种，不要过早播种或播量过大。

（3）加强管理，合理施肥、浇水和及时中耕，促使麦苗健壮生长和创造不利于纹枯病发生的条件。

（4）药剂防治于小麦拔节后每亩用 5% 井冈霉素水剂 100~150ml 或 15% 粉锈宁粉剂 65~100g，或用 12.5% 烯唑醇可湿性粉剂 60g，对水 60~75kg 喷雾（注意尽量将药液喷到麦株茎基部）。

二、小麦全蚀病

（一）症状

只侵染麦根和茎基部 1~2 节。苗期病株矮小，下部黄叶多，种子根和地中茎变成灰黑色，严重时造成麦苗连片枯死。拔节期冬麦病苗返青迟缓、分蘖少，病株根部大部分变黑，在茎基部及叶鞘内侧出现较明显灰黑色菌丝层。抽穗后田间病株成簇或点片状发生早枯白穗，病根变黑，易于拔起。在茎基部表面及叶鞘内布满紧密交织的黑褐色菌丝层，呈"黑脚"状，后颜色加深呈黑膏药状，上密布黑褐色颗粒状子囊壳。该病与小麦其他根腐型病害区别在于种子根和次生根变黑腐败，茎基部生有黑膏药状的菌丝体（图 10-3、图 10-4）。

图 10-3　小麦全蚀病植株被害症状

图 10-4　小麦全蚀病田间表现症状

（二）防治方法

（1）禁止从病区引种，防止病害蔓延。

（2）轮作倒茬实行稻麦轮作或与棉花、烟草、蔬菜等经济作物轮作，也可改种大豆、油菜、马铃薯等，可明显降低发病。

（3）种植耐病品种如百农矮抗58、周麦22号、周麦24号、淮麦22号等。

（4）增施腐熟有机肥提倡施用酵素菌沤制的堆肥，采用配方施肥技术，增加土壤根际微态拮抗作用。

（5）药剂防治提倡用种子重量0.2%的2%立克秀拌种，防效90%左右。严重地块用3%苯醚甲环唑悬浮种衣剂（华丹）80ml，对水100~150ml，拌10~12.5kg麦种，晾干后即可播种也可贮藏再播种。小麦播种后20~30天，每亩使用15%三唑酮（粉锈宁）可湿性粉剂150~200g对水60L，顺垄喷洒，翌年返青期再喷一次，可有效控制全蚀病为害，并可兼治白粉病和锈病。

三、小麦白粉病

（一）症状

该病可侵害小麦植株地上部各器官，但以叶片和叶鞘为主，发病重时颖壳和芒也可受害。初发病时，叶面出现1~2mm的白色霉点，后逐渐扩大为近圆形至椭圆形白色霉斑，霉斑表面有一层白粉，遇有外力或振动立即飞散。这些粉状物就是该菌的菌丝体和分生孢子。后期病部霉层变为灰白色至浅褐色，病斑上散生有针头大小的小黑粒点，即病原菌的闭囊壳（图10-5、图10-6）。

图 10-5　小麦白粉病初期症状

图 10-6　小麦白粉病中期症状

（二）防治方法

（1）选用抗（耐）病丰产良种。

（2）加强栽培管理，提高植株抗病力。适当晚播，及时灌水和排水。小麦发生白粉病后，适当增加灌水次数，可以减轻损失。合理、均匀施肥，避免过多使用氮肥。

（3）药剂防治。播种时可用 15% 的粉锈宁可湿性粉剂拌种，用量为种子重量的 0.1% ~ 0.3%。还可兼治锈病、腥黑穗病、散黑穗病、全蚀病等；当小麦白粉病病情指数达到 1 或病叶率达 10% 以上时，开始喷洒 20% 三唑酮乳油 1 000 倍液或 40% 福星乳油 8 000 倍液。

四、小麦黑胚病

（一）症状

小麦黑胚病是一种真菌病害。小麦感病后，胚部会产生黑点。如果感染区沿腹沟蔓延并在籽粒表面占据一块区域，会使籽粒出现黑斑，使小麦籽粒变成暗褐色或黑色。黑胚粒小麦不仅会降低种子发芽率，而且对小麦制品颜色等会产生一定影响（图 10-7）。

（二）防治方法

（1）利用抗病品种。培育和利用抗病品种是最经济有效的防

图 10-7 小麦黑胚病

治措施，小麦品种间对黑胚病的抗性有明显差异，这为抗病品种的培育和利用提供了可行性。

（2）栽培措施。合理施用水肥，保证小麦植株健壮不早衰，提高小麦植株的抗病性；小麦成熟后及时收获等，都可减轻病害。

（3）药剂防治。在小麦灌浆初期用杀菌剂喷雾可有效控制黑胚病为害。可选择烯唑醇、腈菌唑和戊唑醇，在小麦灌浆期进行喷雾防治。

五、小麦锈病

（一）症状

（1）小麦条锈病。发病部位主要是叶片，叶鞘、茎秆和穗部也可发病。初期在病部出现褪绿斑点，以后形成鲜黄色的粉疱，即夏孢子堆。夏孢子堆较小，长椭圆形，与叶脉平行排列成条状。后期长出黑色、狭长形、埋伏于表皮下的条状疱斑，即冬孢子堆（图 10-8、图 10-9）。

（2）小麦叶锈病。发病初期出现褪绿斑，以后出现红褐色粉疱（夏孢子堆）。夏孢子堆较小，橙褐色，在叶片上不规则散生。后期在叶背面和茎秆上长出黑色阔椭圆形至长椭圆形、埋于表皮

图 10-8　小麦条锈病初期症状　　　图 10-9　小麦条锈病严重为害症状

下的冬孢子堆，其有依麦秆纵向排列的趋向。

（3）小麦秆锈病。为害部位以茎秆和叶鞘为主，也为害叶片和穗部。夏孢子堆较大，长椭圆形至狭长形，红褐色，不规则散生，常全成大斑，孢子堆周围表皮撕裂翻起，夏孢子可穿透叶片。后期病部长出黑色椭圆形至狭长形、散生、突破表皮、呈粉疱状的冬孢子堆。

三种锈病症状可根据其夏孢子堆和各孢子堆的形状、大小、颜色着生部位和排列来区分。群众形象的区分 3 种锈病说："条锈成行，叶锈乱，秆锈成个大红斑。"

由外来菌源所引起，所以一旦发病便是大面积普发，没有发病中心。

（二）防治方法

（1）选用抗（耐）锈病丰产良种。

（2）加强栽培管理，提高植株抗病力。

（3）调节播种期。适当晚播，不宜过早播种。及时灌水和排水。小麦发生锈病后，适当增加灌水次数，可以减轻损失。合理、均匀施肥，避免过多使用氮肥。

（4）药剂防治。播种时可用 15% 的粉锈宁可湿性粉剂拌种，用量为种子重量的 0.1% ~ 0.3%。还可兼治白粉病、腥黑穗病、散黑穗病、全蚀病等，于发病初期喷洒 20% 三唑酮乳油 1 000 倍液或 15%烯唑醇可湿性粉剂 1 000 倍液，可兼治条锈病、秆锈病和白粉病，隔 10~20 天 1 次，防治 1~2 次。

六、小麦叶枯病

(一) 症状

主要为害叶片和叶鞘，有时也为害穗部和茎秆。在叶片上最初出现卵圆形浅绿色病斑，以后逐渐扩展成不规则形大块黄色病斑。病斑上散生黑色小粒，即病菌的分生孢子器。一般先由下部叶片发病，逐渐向上发展。在晚秋或早春，病菌侵入寄主根冠，则下部叶片枯死，致使植株衰弱，甚至死亡。茎秆和穗部的病斑不太明显，比叶部病斑小的多（图 10-10、图 10-11）。

图 10-10 小麦叶枯病为害初期症状　　**图 10-11 小麦叶枯病为害中期症状**

(二) 防治方法

（1）选用抗病耐病良种。

（2）深翻灭茬。清除病残体，消灭自生麦苗。

（3）农家肥高温堆沤后施用。重病田可考虑轮作。

（4）在小麦扬花至灌浆期用 15%粉锈宁可湿性粉剂 50~60g，对水喷雾，兼治锈病、白粉病，另外对赤霉病防效显著。

七、小麦煤污病

(一)症状

小麦植株上产生一层煤灰是由煤污病引起的。煤污病又称煤烟病,对小麦叶片、麦穗、茎秆都有为害。发病初期,病部出现许多散生的暗褐色至黑色辐射状霉斑。这种霉斑有时相连成片,形成煤污状的黑霉。黑霉只存在于植株的表层,用手就能轻轻擦去。为害严重时,小麦整株和成片污黑,影响了植株的生长(图10-12)。

图10-12 小麦煤污病为害叶片

(二)防治方法

(1)加强栽培管理。植株不可过密,改善通风透光条件,切忌环境阴湿,控制病菌滋生。

(2)虫害防治。积极防治蚜虫,可有效减轻病害发生。

八、小麦赤霉病

(一)症状

自幼苗至抽穗期均可发生,引起苗枯、茎腐和穗腐等。

（1）穗腐。初在小穗颖片上出现水浸状病斑，逐渐扩大至整个小穗和穗子，严重时整个小穗或穗子后期全部枯死，呈灰褐色。田间潮湿时，病部产生粉红色胶质霉层，后期穗部出现黑色小颗粒，即子囊壳。

（2）苗枯。在幼苗的芽鞘和根鞘上呈黄褐色水浸状腐烂，严重时全苗枯死，病残苗上有粉红色菌丝体。

（3）茎腐。发病初期，茎基部呈褐色，后变软腐烂，植株枯萎，在病部产生粉红色霉层（图10-13、图10-14）。

图10-13 小麦赤霉病为害穗部症状　　**图10-14 小麦赤霉病田间轻度为害症状**

（二）防治方法

（1）选用抗病种。

（2）深耕灭茬，清洁田园，消灭菌源。

（3）开沟排水，降低田间湿度。

（4）小麦抽穗至盛花期，每亩用40%多菌灵胶悬剂100g或70%甲基托布津可湿粉剂75~100g，对水60kg喷雾，如扬花期连续下雨，第一次用药7天后再用药1次。

九、小麦茎基腐病

（一）症状

茎基部叶鞘受害后颜色渐变为暗褐色，无云纹状病斑，容易和小麦纹枯病相区别。随病程发展，小麦茎基部节间受侵染变为淡褐色至深褐色，田间湿度大时，茎节处、节间生粉红色或白色层，茎秆易折断。病情发展后期，重病株提早枯死，形成白穗。逢多雨年份，和其他根腐病的枯白穗类似，枯白穗易腐生杂菌变黑。

（二）防治措施

1. 农业防治

清除病残体，合理轮作，适期迟播，配方施肥，增施锌肥。有条件的可与油菜、棉花、蔬菜等双子叶作物轮作，能有效减轻病情。

2. 化学防治

（1）药剂拌种。用 2.5% 咯菌腈悬浮种衣剂 10~20ml+3% 苯醚甲环唑悬浮种衣剂 50~100ml，拌麦种 10kg。或用 6% 戊唑醇悬浮种衣剂 50ml，拌小麦种子 100kg。

（2）生长期药剂喷洒。小麦苗期至返青拔节期，在发病初期，用 12.5% 烯唑醇可湿性粉剂 45~60g，对水 40~50kg 喷雾防治。

十、小麦黄矮病

（一）症状

主要表现叶片黄化，植株矮化。叶片典型症状是自叶端向叶基逐渐黄化，不达叶鞘，拔节后叶褪绿，叶尖出现鲜黄色，植株稍矮。新叶发病从叶尖渐向叶基扩展变黄，黄化部分占全叶的 1/3~1/2，叶基仍为绿色，且保持较长时间，有时出现与叶脉平行但不受叶脉限制的黄绿相间条纹。病叶较光滑。发病早植株矮化严重，但因品种而异。冬麦发病不显症，越冬期间不耐低温易冻死，能存活的翌春分蘖减少，病株严重矮化，不抽穗或抽穗很小。拔节孕穗期感病的植株稍矮，根系发育不良。抽穗期发病仅旗叶发黄，植株矮化不明显，能抽穗，粒重降低。与生理性黄化的区别在于，生理性黄化从下部叶片开始发生，整叶发病，田间发病较均匀。黄矮病下部叶片绿色，新叶黄化，旗叶发病较重，从叶尖开始发病，先出现中心病株，然后向四周扩展（图 10-15）。

图 10-15　小麦黄矮病为害状

（二）防治方法

（1）一方面，小麦品种间对病毒的抗性差异是明显的，不同程度耐受病毒的品种也较多；另一方面病毒不易检测，虫传范围又广，采取其他应急的防治措施比较困难。因此，在综合防治中，选用抗耐病品种是一项基本措施。

（2）治蚜防病是预防黄矮病流行的有效措施。由于苗期和秋季侵染所造成的损失远大于春季侵染，应注意拌种措施和秋季打药。用种子量 0.5% 灭蚜松或 0.3% 乐果乳剂拌种。喷药用 40% 乐果乳油 1 000~1 500 倍液或 50% 灭蚜松乳油 1 000~1 500 倍液、50% 抗蚜威 3 000 倍液。毒土法 40% 乐果乳剂 50g，对水 1kg，拌细土 15kg 撒在麦苗基叶上，可减少越冬虫源。

（3）加强栽培管理，及时消灭田间及附近杂草。冬麦区适期迟播，春麦区适当早播，确定合理密度，加强肥水管理，提高植株抗病力。

（4）小麦采用地膜覆盖，防病效果明显。

十一、小麦秆黑粉病

（一）症状

病株茎秆、叶鞘和叶片上形成略隆起的长条形病斑，即病原菌的冬孢子堆，初为黄白色，后变为银灰色，斑内充满黑粉（病原菌的冬孢子），表皮破裂后散出。病株的叶片和茎秆卷缩，扭曲。少数颖壳和种子上也产生冬孢子堆（图10-16）。

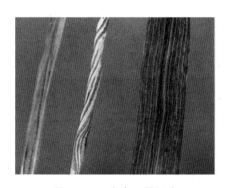

图10-16 小麦秆黑粉病

（二）防治方法

（1）栽培抗病品种。

（2）在以土壤传病为主的地区，与非寄主植物进行1~2年的轮作，水旱轮作效果更好。

（3）做好整地、保墒，适期播种，避免晚播、深播，施用净肥。

（4）换用不带菌种子，或行种子药剂处理。在以土壤传病为主的地区，还需用药剂进行土壤处理。

十二、小麦根腐病

（一）症状

全生育期均可引起发病，苗期引起根腐，成株期引起叶斑、穗腐或黑胚。成为我国麦田常发病害，发病率20%~60%，减产10%~50%或更多。苗期染病种子带菌严重的不能发芽，轻者能发芽，但幼芽脱离种皮后即死在土中；有的虽能发芽出苗，但生长细弱。幼苗染病后在芽鞘上产生黄褐色至褐黑色梭形斑，边缘清晰，中间稍褪色，扩展后引起种根基部、根间、分蘖节和茎基部褐变，病组织逐渐坏死，上生黑色霉状物，最后根系腐朽，麦苗平铺在地上，下部叶片变黄，逐渐黄枯而亡。

（二）防治方法

（1）因地制宜选用适合当地栽培的抗根腐病的品种。

（2）提倡施用酵素菌沤制的堆肥或腐熟的有机肥。麦收后及时耕翻灭茬，使病残组织当年腐烂，以减少下年初侵染源。

（3）采用小麦与豆科、马铃薯、油菜等轮作方式进行换茬，适时早播，浅播，土壤过湿的要散墒后播种，土壤过干则应采取镇压保墒等农业措施减轻受害。

（4）播种前用万家宝30g加水3 000g拌20kg种子，也可用50%扑海因可湿性粉剂或75%卫福合剂、58%倍液可湿性粉剂、70%代森锰锋可湿性粉剂、50%福美双可湿性粉剂、20%三唑酮乳油、80%喷克可湿性粉剂，按种子重量的0.2%~0.3%拌种，防效可达60%以上。

（5）成株开花期喷洒25%敌力脱乳油4 000倍液或50%福美双可湿性粉剂，每亩用药100g，对水75kg喷洒。

十三、小麦黄花叶病

小麦黄花叶病是一种土壤传播的病毒病。

（一）症状

该病在小麦上发生严重。染病后冬前不表现症状，到春季小麦返青期才出现症状，染病株在小麦 4~6 叶后的新叶上产生褪绿条纹，少数心叶扭曲畸形，以后褪绿条纹增加并扩散。病斑联合成长短不等、宽窄不一的不规则条斑，形似梭状，老病叶渐变黄、枯死。病株分蘖少、萎缩、根系发育不良，重病株明显矮化（图 10-17）。

图 10-17　梭条斑花叶病

（二）防治方法

（1）选育推广抗病品种是控制该病流行最为经济有效的措施。

（2）可以通过轮作换茬，与油菜、大麦等进行多年轮作，减轻发病；避免病害通过病残体、病土等途径传播。

（3）加强管理增施基肥，提高苗期抗病能力；小麦返青后，及时中耕除草，以提高地温，改善土壤透气性，促进根系生长，结合中耕增施速效氮肥。

（4）轻病田亩追施 5~8kg 尿素等速效氮肥和浇水为主，配合喷施 0.4% 磷酸二氢钾等叶面肥，促进苗情转化，减轻病害损失。

十四、小麦胞囊线虫病

(一) 症状

受害小麦幼苗苗棵矮黄,根分岔多而短,根稍膨大,根生长的浅并显著减少,后期被寄生处根侧鼓包、皮裂,露出面粉粒状、先白色发亮后变褐发暗的胞囊,为识别此病之特征。

将挖取的细根,在空气中稍停几分钟使之稍干,胞囊可更明显,能增加胞囊的可见性。仅此成虫期可见胞囊。胞囊老熟,即易脱落,故往往查之无物,发生误诊,错作别病(图 10-18、图 10-19)。

图 10-18　小麦禾谷胞囊线虫线虫病根部为害症状　　图 10-19　小麦禾谷胞囊线虫病为害幼苗症状

(二) 防治方法

(1) 加强检疫,防止此病扩散蔓延。

(2) 选用抗(耐)病品种。

(3) 轮作与麦类及其他禾谷类作物隔年或 3 年轮作。

(4) 加强农业措施春麦区适当晚播,要平衡施肥,提高植株抵抗力。施用土壤添加剂,控制根际微生态环境,使其不利于线虫生长和寄生。

(5) 药剂防治每亩施用 0.5% 阿维菌素颗粒剂 200g,也可用24% 杀线威水剂 600 倍液在小麦返青时喷雾。

十五、小麦霜霉病

小麦霜霉病别名黄化萎缩病，通常在田间低洼处或水渠旁零星发生。该病在不同生育期出现症状不同（图10-20）。

图10-20　病穗（右、中）与健穗（左）

（一）症状

苗期染病病苗矮缩，叶片淡绿或有轻微条纹状花叶。返青拔节后染病叶色变浅，并现黄白条形花纹，叶片变厚，皱缩扭曲，病株矮化，不能正常抽穗或穗从旗叶叶鞘旁拱出，弯曲成畸形龙头穗。

（二）防治方法

（1）实行轮作。发病重的地区或田块，应与非禾谷类作物进行1年以上轮作。

（2）健全排灌系统，严禁大水漫灌，雨后及时排水防止湿气滞留，发现病株及时拔除。

（3）药剂拌种。播前每50kg小麦种子用25%甲霜灵可湿性粉剂100~150g（有效成分为25~37.5g）加水3kg拌种，晾干后播种。必要时在播种后喷洒 0.1%硫酸铜溶液或 58%甲霜灵·锰锌可湿性粉剂 800~1 000 倍液、72%霜脲锰锌可湿性粉剂 600~700 倍液、69%安克·锰锌可湿性粉剂 900~1 000 倍液、72.2%霜霉威水剂 800 倍液。

十六、小麦颖枯病

（一）症状

主要为害小麦未成熟穗部和茎秆，也为害叶片和叶鞘。穗部染病先在顶端或上部小穗上发生，颖壳上开始为深褐色斑点，后变为枯白色并扩展到整个颖壳，其上长满菌丝和小黑点（分生孢子器）；茎节染病呈褐色病斑，能侵入导管并将其堵塞，使节部畸变、扭曲，上部茎秆折断而死；叶片染害初为长梭形淡褐色小斑，后扩大成不规则形大斑，边缘有淡黄晕圈，中央灰白色，其上密生小黑点，剑叶被害扭曲枯死。叶鞘发病后变黄，使叶片早枯（图 10-21、图 10-22）。

图 10-21　小麦颖枯病为害小穗症状　　图 10-22　小麦颖枯病为害穗部症状

（二）防治方法

（1）选用无病种子。颖枯病病田小麦不可留种。

（2）清除病残体，麦收后深耕灭茬。消灭自生麦苗，压低越夏、越冬菌源实行 2 年以上轮作。春麦适时早播，施用充分腐熟有机肥，增施磷、钾肥，采用配方施肥技术，增强植株抗病力。

（3）药剂防治种子处理用50%多福混合粉（多菌灵：福美双为1：1）500倍液浸种48h或50%多菌灵可湿粉、70%甲基硫菌灵（甲基托市津）可湿粉、40%拌种双可湿粉，按种子量0.2%拌种。也可用25%三唑酮（粉锈宁）可湿粉75g拌闷种100kg或0.03%三唑醇（羟锈宁）拌种、0.15%噻菌灵（涕必灵）拌种。重病区，在小麦抽穗期喷洒70%代森锰锌可湿性粉剂600倍液或75%百菌清可湿性粉剂800~1 000倍液或25%苯菌灵乳油800~1 000倍液或25%丙环唑（敌力脱）乳油2 000倍液，隔15~20天1次，喷1~3次。

十七、小麦腥黑穗病

（一）症状

又称腥乌麦、黑麦、黑疸。病症主要有现在穗部，一般病株较矮，分蘖较多，病穗稍短且直，颜色较深，初为灰绿，后为灰黄。颖壳麦芒外张，露出部分病粒（菌瘿）。病粒较健粒短粗，初为暗绿，后变灰黑，包外一层灰包膜，内部充满黑色粉末（病菌厚垣孢子），破裂散出含有三甲胺鱼腥味的气体，故称腥黑穗病（图10-23）。

图10-23　小麦腥黑穗病为害症状

（二）防治方法

（1）种子处理常年发病较重地区用2%立克秀拌种剂10~

15g，加少量水调成糊状液体与 10kg 麦种混匀，晾干后播种。也可用种子重量 0.15%~0.2% 的 20% 三唑酮（粉锈宁）或 0.2%~0.3% 的 20% 萎锈灵等药剂拌种和闷种，都有较好的防治效果。

（2）提倡施用酵素菌沤制的堆肥或施用腐熟的有机肥。对带菌粪肥加入油粕（豆饼、花生饼、芝麻饼等）或青草保持湿润，堆积一个月后再施到地里，或与种子隔离施用。

（3）农业防治。春麦不宜播种过早，冬麦不宜播种过迟。播种不宜过深。播种时施用硫铵等速效化肥做种肥，可促进幼苗早出土，减少侵染机会。冬麦提倡在秋季播种时，基施长效碳铵 1次，可满足整个生长季节需要，减少发病。

十八、小麦黑颖病

小麦黑颖病分布在我国北方麦区。

（一）症状

主要为害小麦叶片、叶鞘、穗部、颖片及麦芒。

染病穗上病部为褐色至黑色的条斑，多个病斑融合在一起后颖片变黑发亮。颖片染病后引起种子感染。致病种子皱缩或不饱满。发病轻的种子颜色变深。叶片染病初呈水渍状小点，渐沿叶脉向上、下扩展为黄褐色条状斑。穗轴、茎秆染病产生黑褐色长条状斑。湿度大时，以上病部均产生黄色细菌脓液（图10-24）。

图10-24　小麦黑颖病

（二）防治方法

（1）建立无病留种田，选用抗病品种。

（2）种子处理。采用防治小麦散黑穗病变温浸种法，28～32℃浸4h，再在53℃水中浸7min。

（3）发病初期开始喷洒新植霉素4 000倍液。

十九、小麦散黑穗病

（一）症状

该病主要发生于穗部，偶尔也发生在茎、叶上。病穗比健穗抽出稍晚，被侵害的子房和颖片发育成冬孢子堆，初期有一层灰色薄膜包被，不久即破裂解体，散出黑色粉末，即冬孢子。冬孢子很容易被风雨打散，后期的病穗仅残留曲折的穗轴而毫无收获。新被侵染的麦穗，虽然有病菌菌丝潜伏在种子胚内，但并不表现任何症状（图10-25）。

图10-25 小麦散黑穗病为害症状

（二）防治方法

（1）选用抗病品种。

（2）药剂处理种子。可用15%粉锈宁（三唑酮）可湿性粉剂或50%萎锈灵可湿性粉剂和40%拌种双可湿性粉剂加适量水拌种。用药量为种子重量的0.2%。

（3）换种无病种子或选留无病种子，一般要求留种田及其周围 80m 内无病株。

第二节 小麦虫害及防治

一、麦蚜

麦蚜是小麦上的主要害虫之一，对小麦进行刺吸为害，影响小麦光合作用及营养吸收、传导。小麦抽穗后集中在穗部为害，形成秕粒，使千粒重降低造成减产。全世界各麦区均有发生。主要危害麦类和其他禾本科作物与杂草，若虫、成虫常大量群集在叶片、茎秆、穗部吸取汁液，被害处初呈黄色小斑，后为条斑，枯萎、整株变枯至死。

（一）症状

成、若蚜刺吸植物组织汁液，引致叶片变黄或发红，影响生长发育，严重时植株枯死。玉米蚜多群集在心叶，为害叶片时分泌蜜露，产生黑色霉状物，别于高粱蚜。在紧凑型玉米上主要为害雄花和上层 1~5 叶，下部叶受害轻，刺吸玉米的汁液，致叶片变黄枯死，常使叶面生霉变黑，影响光合作用，降低粒重，并传播病毒病造成减产（图 10-26）。

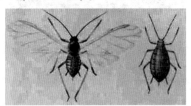

图 10-26 麦黍缢管蚜形态

（二）防治方法

每亩用 50%辟蚜雾可湿性粉剂 10g，对水 50~60kg 喷雾；用

70%吡虫啉水分散粒剂 2g 一壶水或 10% 吡虫啉 10g 一壶水加 2.5%功夫 20~30ml 喷雾防治。

二、麦蜘蛛

（一）症状

以成、若虫吸食麦叶汁液，受害叶上出现细小白点，后麦叶变黄，麦株生育不良，植株矮小，严重的全株干枯（图 10-27）。

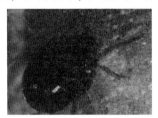

图 10-27　麦圆蜘蛛形态

（二）防治方法

（1）因地制宜进行轮作倒茬，麦收后及时浅耕灭茬；冬春进行灌溉，可破坏其适生环境，减轻为害。

（2）播种前用 75% 3911 乳剂 0.5kg，对水 15~25kg，拌麦种 150~250kg，拌后堆闷 12h 后播种。

（3）必要时用 2% 混灭威粉剂或 1.5% 乐果粉剂，每亩用 1.5~2.5kg 喷粉，也可掺入 30~40kg 细土撒毒土。

（4）虫口数量大时喷洒 40% 氧化乐果乳油或 40% 乐果乳油 1 500 倍液，每亩喷对好的药液 75kg。

三、吸浆虫

（一）症状

小麦吸浆虫为世界性害虫，广泛分布于亚洲、欧洲和美洲主要小麦栽培国家。国内的小麦吸浆虫亦广泛分布于全国主要产麦区（图 10-28）。

图 10-28　小麦吸浆虫形态

（二）防治方法

（1）撒毒土。主要目的是杀死表土层的幼虫、蛹和刚羽化的成虫，使其不能产卵。在小麦拔节期用 3%乐斯本颗粒剂、3%甲基异柳磷颗粒剂，或用 3%辛硫磷颗粒剂进行防治，每亩用药量 3kg，以上药剂任选一种，加细土 20kg 混匀，在 15 时后均匀撒于麦田地表，能大量杀灭幼虫，并抑制成虫羽化。

（2）喷药。在小麦抽穗初期（10%麦穗已经抽出）进行麦田喷雾。主要目的是杀死吸浆虫成虫、卵及初孵幼虫，阻止吸浆虫幼虫钻入颖壳。每亩用 48%乐斯本乳油 40ml、40%氧化乐果乳油 100ml，或用 20%杀灭菊酯 25ml，以上药剂任选一种，对水 20kg 喷撒在小麦穗部。严重地块可喷药 2 次，间隔 5~7 天。

（3）熏蒸。每亩用 80%的敌敌畏 100~150g，对水 2kg 均匀喷在 20kg 麦糠上，混合均匀后，在傍晚撒入田间，熏蒸防治成虫。

四、麦叶蜂

麦叶蜂是小麦拔节后常见的一种食叶性害虫，一般年份发生并不严重，个别年份局部地区也可猖獗为害，取食小麦叶片，尤其是旗叶，对产量影响较大。

（一）症状

大麦叶蜂：与小麦叶蜂成虫很相似，仅中胸前盾板为黑色，后缘赤褐色，盾板两叶全是赤褐色。麦叶蜂幼虫与黏虫常易混淆。主要区别是：麦叶蜂各体节都有皱纹，胸背向前拱，有腹足 7、8 对；黏虫各体节无皱纹，胸背不向前拱，有腹足 4 对（图 10-29）。

图 10-29　麦叶蜂成虫形态

（二）防治方法

（1）农业防治。在种麦前深耕时，可把土中休眠的幼虫翻出，使其不能正常化蛹，以致死亡，有条件的地区实行水旱轮作，进行稻麦倒茬，可消灭为害。

（2）药剂防治。每亩用 2.5% 天达高效氯氟氰菊酯乳油每亩 20ml 加水 30kg 做地上部均匀喷雾，或用 2% 天达阿维菌素 3 000 倍液，早、晚进行喷洒。

（3）人工捕打。利用麦叶蜂幼虫的假死习性，傍晚时进行捕打。

五、蝼蛄

（一）症状

蝼蛄以成虫和若虫在土中咬食刚播下的种子，特别是刚发芽的种子，也咬食幼根和嫩茎，造成缺苗。咬食作物根部使其成乱麻状，幼苗枯萎而死，在表土层穿行时，形成很多隧道，使幼苗根部与土壤分离，失水干枯而死（图 10-30、图 10-31）。农谚常说："不怕蝼蛄咬，就怕蝼蛄跑。"

图 10-30　华北蝼蛄成虫形态

图 10-31　非洲蝼蛄成虫形态

（二）防治方法

（1）灯光诱杀。根据成虫趋光性，可利用灯光诱杀。

（2）挖穴灭卵。根据不同蝼蛄的产卵特点，铲去表土，发现洞口，顺口下挖，消灭卵和成虫。

（3）毒饵、毒谷诱杀。可用 50% 辛硫磷乳油 100ml 或 90% 晶体敌百虫 50g，加炒香的饼糁 2.5~3kg，加水 1~1.5kg 拌匀，做成毒饵，于傍晚每亩撒毒饵 2~3kg。也可每亩用 0.5~1kg 谷子，煮半熟，捞出晾半干，加 90% 晶体敌百虫 50g 拌匀，再晾至大半干，制成毒谷，播种时将毒谷撒于种子沟内。

六、蛴螬

蛴螬成虫通称为金龟甲或金龟子。除为害小麦外，还为害多种蔬菜。按其食性可分为植食性、粪食性、腐食性三类。其中植食性蛴螬食性广泛，为害多种农作物、经济作物和花卉苗木，喜食刚播种的种子、根、块茎以及幼苗，是世界性的地下害虫，为害很大。

（一）症状

取食植物地下部分，终年在地下活动，可食害萌芽的种子，咬断幼苗的根、茎，断口整齐，致使菜苗枯死，造成缺苗断垄。还可蛀食蔬菜的块根、块茎等，形成孔洞，使植株生长衰弱，直接影响蔬菜产量和品质。同时，伤口有利病菌侵入，易于诱发病害。成虫取食大豆等豆科蔬菜叶片，有些还可食害花和果实等部位（图10-32、图10-33）。

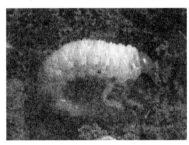

图10-32　蛴螬幼虫形态　　　　图10-33　蛴螬成虫形态

（二）防治方法

（1）农业防治。秋末深翻菜地，可将成虫、幼虫翻到地表，使其冻死、风干或被天敌捕食、机械杀伤等，消灭部分越冬的幼虫和成虫；施用充分腐熟的有机肥，用塑料薄膜覆盖、堆闷，高温杀死肥料中的害虫，避免施用未腐熟的有机肥，以免招引成虫产卵。

（2）人工捕杀。在施肥前筛选出有机肥中的蛴螬；在成虫盛发期，利用金龟子的假死性和趋光性，进行人工捕捉，震落捕杀，或用黑光灯诱杀。

（3）化学防治。种子处理。35%甲基硫环磷乳油或50%辛硫磷乳油均按种子重量的0.2%拌种，可有效地防治三种地下害虫；75%甲拌磷乳油按种子量的0.2%拌种不仅防治三种地下害虫，还可兼治苗蚜、灰飞虱和田鼠；土壤处理。在播种前，每亩用50%辛硫磷乳油250~300ml 对水30~40kg 或甲基异柳磷，将药剂均匀喷洒在地面，然后耕翻或用圆盘耙把药剂与土壤混匀。在小麦返青期每亩用50%辛硫磷乳油250~300ml，结合灌水施入土中防治；或每亩用50%辛硫磷乳油200~250ml，加细土25~30kg，将药液加水稀释10倍喷洒在细土上并拌匀，顺垄条施，随即浅锄，防治蛴螬；毒饵诱杀。为害严重的地块，最好在秋播以前用毒饵进行一次防治。毒饵随播种随撒在播种沟甲，或与种子混播。

七、金针虫

金针虫是鞘翅目叩头虫科幼虫的总称，为重要的地下害虫。在我国，金针虫从南到北分布广泛，为害的作物种类也较多。其中广为分布而常见的有沟金针虫和细胸金针虫。此外，还有宽背金针虫和褐纹金针虫。

（一）症状

以幼虫长期生活于土壤中，主要为害禾谷类、薯类、豆类、甜菜、棉花及各种蔬菜和林木幼苗等。幼虫能咬食刚播下的种子，食害胚乳使其不能发芽，如已出苗可为害须根、主根和茎的地下部分，使幼苗枯死。主根受害部不整齐，还能蛀入块茎和块根（图10-34、图10-35）。

图 10-34　金针虫幼虫形态　　**图 10-35　金针虫成虫形态**

（二）防治方法

（1）食物诱杀。利用金针虫喜食甘薯、土豆、萝卜等习性，在发生较多的地方，每隔一段挖一小坑，将上述食物切成细丝放入坑中，上面覆盖草屑，可以大量诱集，然后每日或隔日检查捕杀。

（2）翻耕土地。结合翻耕，拣出成虫或幼虫。

（3）药物防治。沟施或穴施 3% 呋喃丹颗粒剂，具体用量为 50~55 kg/hm^2；或用 50% 辛硫磷乳油 1 000 倍液喷浇苗间及根际附近的土壤。

（4）毒饵诱杀。用豆饼碎渣、麦麸等 16 份，拌和 90% 晶体敌百虫 1 份，制成毒饵，具体用量为 15~25kg/hm^2。

八、黏虫

（一）症状

幼虫食叶，大发生时可将作物叶片全部食光，造成严重损失。因其群聚性、迁飞性、杂食性、暴食性，成为全国性重要农业害虫（图 10-36、图 10-37）。

图 10-36　玉米黏虫成虫形态　　　图 10-37　玉米黏虫幼虫形态

（二）防治方法

（1）诱杀成虫。利用成虫多在禾谷类作物叶上产卵习性，在麦田插谷草把或稻草把，60~100 个/亩，每 5 天更换新草把，把换下的草把集中烧毁。此外也可用糖醋盆、黑光灯等诱杀成虫，压低虫口。

（2）药剂防治。①消灭幼虫在 3 龄以前，一般使用的药剂有 2.5%敌百虫粉或4%马拉硫磷粉剂每亩用 1.5~2kg。②喷雾防治。可用 50%辛硫磷乳油或 80%敌敌畏乳油，稀释 1 500~2 000 倍，每亩喷洒稀释液 50~60kg。

九、棉铃虫

（一）症状

该虫是棉花蕾铃期重要的钻蛀性害虫，主要蛀食蕾、花、铃，其次食害嫩叶。取食后，嫩叶呈孔洞或缺刻；花蕾被蛀后，苞叶张开发黄，2~3 天随即脱落；食害柱头和花药，使之不能授粉结铃。青铃被害后蛀成孔洞，诱发病菌侵染，造成烂铃（图 10-38、图 10-39）。

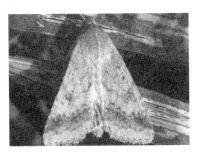

图10-38　棉铃虫成虫形态

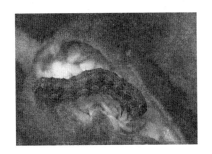

图10-39　棉铃虫幼虫形态

（二）防治方法

（1）棉花收获后，清除田间棉秆和烂铃、僵瓣等。及时深翻耙地，坚持实行冬灌，可大量消灭越冬蛹；种植早熟、无蜜腺、棉酚和单宁含量高的抗虫品种，如中植-372等。

（2）在较大范围内实行统一播期，以切断棉铃虫的食物链。精选种子，提高播种质量；早间苗、早定苗，搞好健身栽培；生长旺盛的棉田可用缩节胺、助壮素或乙烯利进行化控；6月中下旬摘除早蕾（即伏前桃），产卵期摘除边心，整枝打杈，并带出田外深埋，可明显减轻棉铃虫的发生为害。

（3）诱杀防治。在棉田地边种春玉米或高粱，既可诱集较多的棉铃虫来产卵，又能诱集大量天敌存活繁殖，并控制棉铃虫为害。棉铃虫各代成虫发生期，在田间设置黑光灯、杨树枝把或性诱剂，可大量诱杀成虫。

（4）生物防治。搞好棉花与其他作物的合理布局，提倡插花种植。棉花生长前期尽量不施或少施广谱性杀虫剂，必要时可用药液滴心或药液涂茎法施药，以便保护利用天敌。也可人工饲养释放赤眼蜂或草岭；以发挥天敌的自然控制作用。在棉铃虫产卵盛期，喷施每毫升含10亿个以上抱子的Bt乳剂100倍液，间隔3~5天再喷1次；或喷施棉铃虫核多角体病毒（NPV）1 000倍液。

十、耕葵粉蚧

（一）症状

以成虫、若虫聚集在小麦根部为害，造成小麦生长发育不良。该虫除为害小麦外，还为害玉米、谷子、高粱等多种禾本科作物和杂草（图 10-40）。

图 10-40　耕葵粉蚧

（二）防治方法

（1）合理轮作倒茬。在耕葵粉蚧发生严重地块不宜采用小麦—玉米两熟制种植结构，可夏玉米改种棉花、豆类、甘薯、花生等双子叶作物，以破坏该虫的适生环境。

（2）及时深耕灭茬。重发区夏秋作物收获后要及时深耕，并将根茬带出田外销毁。

（3）加强水肥管理。配方施肥，适时冬灌，合理灌溉，精耕细作，提高作物抗虫能力。

（4）在 1 龄若虫期，用 50% 辛硫磷乳油或 48% 毒死蜱乳油 800~1 000 倍液顺麦垄灌根，使药液渗到植株根茎部，提高防治效果。

十一、蟋蟀

(一) 症状

蟋蟀食性复杂，以成虫、若虫为害农作物的叶、茎、枝、果实、种子，有时也为害根部。条件适宜年份会为害秋播麦苗，发生量大时可成灾。偶入室会咬毁衣服及食物 (图 10-41)。

图 10-41　蟋蟀

(二) 防治方法

1. 物理防治

(1) 灯光诱杀。用杀虫灯或黑光灯诱杀成虫。

(2) 堆草诱杀。蟋蟀若虫和成虫白天有明显的隐蔽习性，在田间或地头设置一定数量 5~15cm 厚的草堆，可大量诱集若、成虫，集中捕杀。

2. 化学防治

蟋蟀发生密度大的地块，可选用 80% 敌敌畏乳油 1 500~2 000 倍液，或用 50% 辛硫磷 1 500~2 000 倍液喷雾。或采取麦麸毒饵，用 50g 上述药液加少量水稀释后拌 5kg 麦麸，每亩地撒施 1~2kg；鲜草毒饵用 50g 药液加少量水稀释后拌 20~25kg 鲜草撒施田间。蟋蟀活动性强，应连片统一施药，以提高防治效果。

十二、蜗牛

（一）症状

初孵幼贝食量小，仅食叶肉，留下表皮，稍大后以齿舌刮食叶、茎，形成孔洞或缺刻，甚至咬断幼苗，造成缺苗断垄（图10-42）。

图10-42　蜗牛

（二）防治方法

（1）清洁田园。铲除田间、地头、垄沟旁边的杂草，及时中耕松土、排除积水等，破坏蜗牛栖息和产卵场所。

（2）深翻土地。秋后及时深翻土壤，可使部分越冬成贝、幼贝暴露于地面冻死或被天敌啄食，卵则被晒暴裂而死。

（3）毒馅诱杀。用多聚乙醛配制成含2.5%～6%有效成分的豆饼（磨碎）或玉米粉等毒饵，在傍晚时，均匀撒施在田垄上进行诱杀。

（4）撒颗粒剂。用8%灭蛭灵颗粒剂或10%多聚乙醛颗粒剂，每亩用2kg，均匀撒于田间进行防治。

（5）喷洒药液。当清晨蜗牛未潜入土时，用70%氯硝柳胺1 000倍液，或用灭蛭灵或硫酸铜800～1 000倍液，或用氨水70～100倍液，或用1%食盐水喷洒防治。

十三、斑须蝽

(一) 症状

以成虫和若虫刺吸嫩叶、嫩茎及穗部汁液。茎叶被害后，出现黄褐色斑点，严重时叶片卷曲，嫩茎凋萎，籽粒瘪瘦，影响小麦产量和品质（图10-43）。

图10-43 斑须蝽

(二) 防治方法

（1）农业防治。清洁田园，深翻土壤，及时排涝，降低田间湿度，配方施肥，合理灌溉，提高作物抗虫能力。

（2）药剂防治。在若虫初孵时，用45%乐斯本乳油1 000倍液，或用2.5%鱼藤酮乳油1 000倍液，或用4.5%高效氯氰菊酯乳油2 500倍液，或用2.5%功夫乳油1 000倍液喷雾防治。

十四、赤须盲蝽

(一) 症状

以成虫、若虫刺吸叶片汁液，初呈淡黄色小点，稍后呈白色雪花斑布满叶片。严重时造成叶片失水、卷曲，植株生长缓慢，矮小或枯死，近年来在小麦上的为害有加重趋势。在玉米进入穗期还能为害玉米雄穗和花丝（图10-44）。

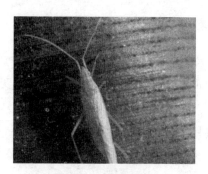

图 10-44　赤须盲蝽

（二）防治方法

（1）农业防治。清洁田园，及时清除作物残茬及杂草，减少越冬卵。

（2）化学防治。用 60% 吡虫啉悬浮种衣剂 20ml，拌小麦种子 10kg。小麦生长期发现为害时，在低龄若虫期用 4.5% 高效氯氰菊酯乳油 1 000 倍液加 10% 吡虫啉可湿性粉剂 1 000 倍液或 3% 啶虫脒 1 500 倍液喷雾防治。

十五、小麦皮蓟马

（一）症状

以成、若虫为害小麦花器，乳熟灌浆期吸食麦粒浆液，致麦粒灌浆不饱满或麦粒空秕。还可为害小穗的护颖和外颖，造成颖片皱缩、枯萎、发黄，易遭病菌侵染霉烂（图 10-45）。

（二）防治方法

（1）农业防治。合理轮作倒茬。适时早播，以避开为害盛期。秋后及时进行深耕，压低越冬虫源。清除晒场周围杂草，破坏越冬场所。

（2）化学防治。小麦孕穗期是防治成虫的关键时期，抽穗扬

图 10-45　小麦皮蓟马

花期是防治初孵若虫的关键时期。用 10% 吡虫啉可湿性粉剂 1 500 倍液，或用 45% 毒死蜱乳油 1 000~1 500 倍液喷雾防治。

十六、白蚁

（一）症状

为害小麦时多从根茎部咬断或将根系吃光，麦苗被害后叶片发黄枯萎，抽穗扬花后被害植株叶片枯黄，形成枯白穗，造成穗粒霉烂（图 10-46）。

图 10-46　白蚁

（二）防治方法

（1）农业防治。播种前深翻土壤，破坏新建群体，阻断白蚁取食隧道。安装黑光灯、频振式杀虫灯诱杀白蚁有翅成虫。发动群众在长鸡枞菌的地方挖掘白蚁主巢。

（2）化学防治。①在麦田靠山坡、森林一侧，埋设诱杀坑或设置灭蚁药剂，阻断白蚁向麦田扩展。②发现蚁路和分群孔，可用 70% 灭蚁灵粉剂喷施蚁体灭蚁。③在被害植株基部附近，用

45%毒死蜱乳油 1 000 倍液喷施或灌浇，杀灭白蚁。

十七、灰飞虱

（一）症状

成、若虫均以口器刺吸小麦、水稻汁液为害，造成植株枯黄，排泄的蜜露易诱发煤污病。另外，灰飞虱是多种农作物病毒病的传毒介体（图 10-47）。

图 10-47　灰飞虱

（二）防治方法

（1）农业防治。选用抗（耐）虫品种，科学肥水管理，提高作物抗虫能力。

（2）化学防治。用 60%吡虫啉悬浮种衣剂 20ml，拌小麦种子 10kg。也可用 10%吡虫啉可湿性粉剂 1 000 倍液，或用 48%毒死蜱乳油 1 000 倍液，或用 5%啶虫脒可湿性粉剂 1 000~1 500 倍液喷雾防治。

十八、麦拟根蚜

（一）症状

在小麦上集中在根部为害，吸食根部汁液，造成小麦叶片由基部向上枯黄，受害重者不能抽穗。一般减产 5%左右，严重的可减产 30%~40%（图 10-48）。

图 10-48　麦拟根蚜

（二）防治方法

（1）农业防治。清洁田园，清除田间地头杂草，作物收获后及时深翻土壤，破坏麦拟根蚜的生存环境。精耕细作，合理灌水施肥，提高作物抗虫能力。

（2）化学防治。用 60%吡虫啉悬浮种衣剂 20ml，拌小麦种子 10kg。也可用 48%毒死蜱乳油 1 000 倍液灌根，杀灭根部寄生的蚜虫。

十九、麦凹茎跳甲

（一）症状

以幼虫和成虫为害刚出土的幼苗，由茎基部咬孔钻入，造成枯心苗。幼苗长大，表皮组织变硬时，爬到心叶取食嫩叶，影响正常生长，群众称为"芦蹲"或"坐坡"。成虫为害，则取食幼苗叶子的表皮组织，把叶子吃成条纹、白色透明状，甚至造成叶子干枯死掉。发生严重的年份，常造成缺苗断垄，甚至毁种（图 10-49）。

图 10-49　麦凹茎跳甲

（二）防治方法

（1）农业防治。适期迟播，及时清除受害幼虫。

（2）化学防治。用60%吡虫啉悬浮种衣剂20ml，拌小麦种子10kg，或用48%毒死蜱乳油1 000倍液灌根。

二十、麦茎蜂

（一）症状

以幼虫钻蛀茎秆，向上向下打通茎节，蛀食茎秆后老熟幼虫向下潜到小麦根茎部为害，咬断茎秆或仅留表皮连接，断口整齐。轻者田间出现零星白穗，重者造成全田白穗、局部或全田倒伏，导致小麦籽粒瘪瘦，千粒重大幅下降，损失严重（图10-50）。

图10-50　麦茎蜂

（二）防治方法

（1）农业防治。麦收后及时灭茬，秋收后深翻土壤，破坏该虫的生存环境，减少虫口基数。选育秆壁厚或坚硬的抗虫品种。

（2）化学防治。在成虫羽化初期，每亩用5%毒死蜱颗粒剂1.5~2kg，拌细土20kg，均匀撒在地表，杀死羽化出土的成虫。也可在小麦抽穗前，选用20%氰戊菊酯乳油1 500~2 000倍液或4.5%高效氯氰菊酯乳油1 000倍液或45%毒死蜱乳油1 000~1 500倍液，喷雾防治成虫。

二十一、大螟

（一）症状

在小麦上，大螟主要以越冬代和第 1 代幼虫为害，在小麦茎秆上蛀孔后，取食茎秆组织，造成小麦折断或白穗（图 10-51）。

图 10-51　大螟

（二）防治方法

（1）农业防治。冬、春季节铲除田间路边杂草，杀灭越冬虫蛹；有茭白的地区要在早春前齐泥割去残株。

（2）化学防治。虫量大的时候，每亩选用 18% 杀虫双水剂 250ml 或 90% 杀螟丹可溶性粉剂 150~200g，对水喷雾防治。

二十二、袋蛾

（一）症状

幼虫取叶、嫩枝，大发生时可将叶片全部吃光，是灾害性害虫（图 10-52）。

（二）防治方法

（1）农业防治。秋、冬季树木落叶后，摘除越冬袋囊，集中烧毁。

图 10-52　袋蛾

（2）化学防治。①幼虫孵化后，用90%敌百虫1 000倍液或80%敌敌畏乳油800倍液或40%氧化乐果1 000倍液或25%杀虫双500倍液喷洒。②在幼虫孵化高峰期或幼虫为害盛期，用每毫升含1亿孢子的苏云金杆菌溶液喷洒。也可用25%灭幼脲500倍液或1.8%阿维菌素乳油2 000~3 000倍液或0.3%苦参碱可溶性液剂1 000~1 500倍液，喷雾防治。

二十三、蒙古灰象甲

（一）症状

成虫为害子叶和心叶可造成孔洞、缺刻等症状，还可咬断嫩芽和嫩茎；也可为害生长点及子叶，使苗不能发育，严重时成片死苗，需毁种（图10-53）。

图 10-53　蒙古灰象甲

（二）防治方法

（1）农业防治。在受害重的田块四周挖封锁沟，沟宽、深各40cm，内放新鲜或腐败的杂草诱集成虫集中杀死。

（2）化学防治。成虫出土为害期，用45%毒死蜱乳油1 000倍液或50%辛氰乳油2 000~3 000倍液，喷洒或浇灌。

二十四、甘蓝夜蛾

（一）症状

以幼虫为害作物的叶片，初孵幼虫常聚集在叶背面，白天不动，夜晚活动啃食叶片，而残留下表皮，4龄以后白天潜伏在叶片下或菜心、地表、根周围的土壤中，夜间出来活动，形成暴食。严重时，往往能把叶肉吃光，仅剩叶脉和叶柄。吃完一处再成群结队迁移为害，包心菜类常常有幼虫钻入叶球并留下粪便，污染叶球，并易引起腐烂，损失很大（图10-54）。

图10-54　甘蓝夜蛾

（二）防治方法

（1）农业防治。①清洁田园。菜田收获后进行秋耕或冬耕深翻，铲除杂草可消灭部分越冬蛹，结合农事操作，及时摘除卵块及初龄幼虫聚集的叶片，集中处理。②诱杀成虫。利用成虫的趋化性，在羽化期设置糖醋盆诱杀成虫。③生物防治。在幼虫3龄前喷施Bt悬浮剂、Bt可湿性粉剂等，也可在卵期人工释放赤眼蜂。

（2）化学防治。在幼虫3龄前用5%甲威盐乳油3 000倍液或45%毒死蜱乳油1 000倍液或15%甲威·毒死蜱乳油1 000倍液，喷雾防治。

二十五、东亚飞蝗

(一) 症状

以成虫或若虫咬食植物叶、茎，密度大时可将植物吃成光秆。东亚飞蝗具有群居性、迁飞性、暴食性等特点，能远距离迁飞造成毁灭性为害（图10-55）。

图10-55 东亚飞蝗

(二) 防治方法

（1）生物防治。在蝗蝻2~3龄期，用蝗虫微孢子虫每亩(2~3)×10^9个孢子，飞机作业喷施。也可用20%杀蝗绿僵菌油剂每亩25~30ml，加入500ml专用稀释液后，用机动弥雾机喷施，若用飞机超低量喷雾，每亩用量一般为40~60ml。

（2）化学防治。在蝗虫大发生年或局部蝗情严重，生态和生物措施不能控制蝗灾蔓延，应立即采用包括飞机在内的先进施药器械，在蝗蝻3龄前及时进行应急防治。有机磷农药、菊酯类农药对东亚飞蝗均有很好的防治效果。

二十六、小麦潜叶蝇

(一) 症状

卵孵化成幼虫后潜食叶肉为害,潜痕呈袋状,其内可见蛆虫及虫粪,造成小麦叶片半段干枯。一般年份小麦被害株率5%~10%,严重田小麦被害株率超过40%,严重影响小麦的生长发育(图10-56)。

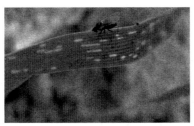

图10-56　小麦潜叶蝇

(二) 防治方法

以成虫防治为主,幼虫防治为辅。

(1) 农业防治。清洁田园,深翻土壤。冬麦区及时浇封冻水,杀灭土壤中的蛹。加强田间管理,科学配方施肥,增强小麦抗逆性。

(2) 化学防治。①成虫防治。小麦出苗后和返青前,用2.5%溴氰菊酯乳油或20%甲氰菊酯乳油2 000~3 000倍液,均匀喷雾防治。②幼虫防治。发生初期,用1.8%阿维菌素乳油3 000~5 000倍液,或用4.5%高效氯氰菊酯乳油1 500~2 000倍液,或用20%阿维·杀单微乳剂1 000~2 000倍液,或用45%毒死蜱乳油1 000倍液,或用0.4%阿维·苦参碱水乳剂1 000倍液喷雾防治。

第三节　小麦草害及防治

一、麦田阔叶杂草

属双子叶植物，草本或木本，胚有 2 片子叶，叶形较宽，有叶柄，叶脉网状，直根系。双子叶杂草的种子有大粒和小粒两种，大粒者直径 2mm，发芽深度可达 5cm，小粒者种子直径小于 2mm，发芽深度 0~2cm。

（一）播娘蒿（俗名米米蒿）

【形态特征】十字花科一年生或二年生草本植物，分布广泛，是麦田主要恶性杂草之一。成株株高 80~100cm。茎直立，圆柱形，密生白色长卷毛和分枝状短柔毛，上部多分枝。叶互生，下部叶有柄，上部叶无柄。叶片 2~3 回羽状深裂，最终裂片窄条形或条状矩圆形，叶背多毛。总状花序顶生，花梗细长，花小，多数，淡黄色，直径约 2mm，萼片 4 片，早落，花瓣 4 片，长匙形。角果窄条形，长 2~3cm，宽约 1mm，种子 1 行，矩圆形至近卵形，黄褐色至红褐色，长约 1mm（图 10-57）。

图 10-57　播娘蒿

【发生规律】播娘蒿适生于较湿润的环境，较耐盐碱，有较

强的繁殖能力和再生能力，单株结籽 5.25 万~9.63 万粒。种子
发芽最低温度 3℃，适宜土层深度 1~3cm，超过 5cm 不能出苗，
在华北麦区多于 10 月出苗，11 月底以健苗开始越冬，翌年 3 月
中下旬越冬幼苗复苏生长，4 月中下旬分枝抽薹，5 月上中旬现
蕾开花，5 月下旬结籽灌浆，6 月下旬成熟落粒。成熟期比小麦
早半个月。

（二）荠菜

【形态特征】十字花科一年生或二年生草本，分布遍及全国，
重度为害小麦。茎直立，有分枝，高 10~50cm，基生叶莲座状，
大头羽状分裂，顶生裂片较大，侧生裂片较小，狭长，先端渐
尖，浅裂或有不规则锯齿或近全缘，有长柄。茎生叶狭披针形，
基部耳形抱茎，边缘有缺刻或锯齿。总状花序顶生及腋生，花小
而有柄。萼片 4，长椭圆形，花瓣白色，倒卵形，直径约 2mm，4
枚，十字形排列，雄蕊 6 个，雌蕊 1 个，短角果，倒三角形，长
5~8mm，宽 4~7mm，扁平，先端微凹。种子 2 行，长椭圆形，
长 1mm、淡褐色（图 10-58）。

图 10-58 荠菜

【发生规律】适生于较湿润而肥沃的土壤，亦耐寒、耐旱。
为小麦、油菜和蔬菜地主要杂草。通过种子繁殖，种子量很大，

经短期休眠后萌发。早春、晚秋均可见到实生苗。大部分在冬前出苗，在麦播后 10 天左右进入出苗盛期，越冬苗在土壤解冻后不久返青，随后即开花，花果期在华北地区为 4—6 月，长江流域为 3—5 月。越冬种子春季发芽出苗，与越冬植株同时或稍晚开花结实。

（三）遏蓝菜

【形态特征】十字花科一年生或二年生草本植物，分布于全国各地，为害较重，为麦田主要杂草之一，也为害蔬菜、果树和幼龄林木。幼苗全株光滑无毛。子叶阔椭圆形，一边常有缺陷，初生叶全缘。茎直立，高 10~60cm，有棱。单叶互生，基生叶有柄，倒卵状长圆形，茎生叶长圆状披针形或倒披针形，先端钝圆，基部抱茎。总状花序顶生；花瓣 4，白色。短角果倒卵形或近圆形，先端凹陷，边缘有狭翅（图 10-59）。

图 10-59　遏蓝菜

【发生规律】江苏地区 10—11 月发生，翌年早春 2—3 月少量出苗，4—5 月开花结果，种子陆续从成熟果实中散落于土壤。西北、东北地区 4 月底 5 月初出苗，8—9 月开花结果。

（四）离子草

【形态特征】十字花科一年生或越年生杂草，主要为害麦类、油菜、甜菜和马铃薯等作物。茎自基部分枝，枝斜上或呈铺散状。基生叶和茎下部的叶有短柄，叶长椭圆形或长圆形，羽状浅裂，先端渐尖，基部渐狭，两面均为暗绿色；上部叶近无柄，叶片披针形，边缘有稀齿或全缘。总状花序顶生，花梗极短；萼片4，直立，绿色或暗紫色；花瓣4。长角果长3~5cm，具横节，节片长方形，后平，每节含1粒种子，果不裂，略向内弯，上部渐狭成喙，基部有果梗，长3~4mm。种子椭圆形，略扁平，黄褐色（图10-60）。

图10-60　离子草

【发生规律】生于较湿润肥沃的农田中，幼苗或种子越冬。在黄河中游冬麦区9—10月出苗，11月底壮苗越冬，翌年3月中下旬开始生长。部分种子早春萌发出苗，但数量较少。花果期4—8月，种子于5月渐次成熟，经夏季休眠后萌发。多分布于辽宁、河北、河南、山西、陕西、甘肃、新疆维吾尔自治区等省区。

（五）大刺儿菜

【形态特征】菊科多年生草本。又称为大蓟。分布于东北、华北、西北、西南等地；茎高40~100cm，直立，上部分枝，具纵棱，近无毛或疏被蛛丝状毛。叶互生，具短柄或无柄中部叶长圆形、椭圆形至椭圆状披针形，边缘有缺刻状羽状浅裂，有细刺，正面绿色，背面被蛛丝状毛。雌雄异株，头状花序多数集生上部，排列成疏松的伞房状。总苞钟形，总苞片多层，外层短，柱形，内层长，线状披针形。雌株管状花冠紫红色。瘦果长圆形，长达 30mm，具四棱，黄白色或浅褐色，冠毛羽状，白色或基部褐色（图 10-61）。

图 10-61　大刺儿菜

【发生规律】多发生在耕作粗糙的农田中，难以防治。在水平生长的根上产生不定芽，进行无性繁殖，也以种子繁殖。春季 4 月出苗，花、果期 6—9 月，冬季地上部分枯死。

（六）苣荬菜

【形态特征】菊科多年生草本，又称为甜苣菜、败酱草。分布于东北、华北、西北、华东、华中及西南地区，为害较重，为麦田难防除杂草之一。全体含乳液。具地下横走根状茎。株高30~80cm，茎直立，上部分枝或不分枝，绿色或略带紫红色，有条棱。基生叶丛生，有柄，长圆状披针形，缘具稀疏的缺刻或浅羽裂，先端圆钝，基部渐狭成柄。茎生叶互生，无柄，基部抱茎，叶片长圆状披针形或宽披针形，边缘有稀疏缺刻或羽状浅裂，缺刻或裂片上有尖齿，两面无毛，绿色或蓝绿色，幼时常带紫红色，中脉白色。头状花序顶生，排成伞房状，苞钟状，苞片多层，内层长于外层，外层苞片椭圆形，内层苞片披针形。舌状花黄色。瘦果长椭圆形，长 2~3mm，宽 0.7~1.3mm，淡褐色至黄褐色，有纵条纹，冠毛白色，易脱落（图 10-62）。

图 10-62 苣荬菜

【发生规律】苣荬菜为区域性的恶性杂草。以根芽和种子繁殖。根芽多分布在 5~20cm 的土层中。北方农田 4—5 月出苗，终年不断。花果期 6—10 月，种子于 7 月渐次成熟飞散，秋季或次年春季萌发，2~3 年抽茎开花。

二、麦田禾本科和莎草科杂草

禾本科杂草是单子叶植物，胚有一个子叶。茎秆圆筒形或扁平，有节。节间中空。生长点不外露。叶鞘开张，有叶舌。叶片窄而长，平行叶脉，无叶柄。莎草科杂草也是单子叶植物，但茎为三棱形，无节，通常实心，叶片狭长而尖锐，竖立生长，平行叶脉，叶鞘闭合成管状。

（一）野燕麦

【形态特征】禾本科燕麦属一年生或越年生草本，为麦田恶性杂草，分布于全国，西北、东北发生最严重。株高 50~120cm。茎秆单生或丛生，圆柱形，中空，直立，有 2~4 个节。叶鞘光滑或基部被柔毛，松弛，无叶耳，叶舌较大，膜质透明。叶片互生，宽条形，渐尖，长 10~30cm，宽 4~12mm，灰绿色。叶缘或中肋处有茸毛，转向逆时针。圆锥花序，分枝轮生，每轮长纤细分枝 3 根，疏生绿色小穗。小穗长 18~25mm，含 2~3 个小花，小穗有细柄，弯曲下垂，顶端膨胀，小穗轴节间密生淡棕色或白色硬毛，具关节，易断落。颖片卵状披针形，等长，具 9 脉。外稃质地硬，表面有粗长毛，背面有屈膝状长毛，第一外稃长 15~20mm，基盘密生短鬃毛，芒自外稃中部稍下处伸出长2~4cm，膝曲，下部扭转，第二外稃与第一外稃相等，具芒。雄蕊 3 个，雌蕊 1 个。颖果纺锤形，被淡棕色柔毛，腹面具纵沟（图 10-63）。

图 10-63　野燕麦

【发生规律】野燕麦生命力强，发育快，生长茂盛，竞争性很强。西北春麦区 4—5 月出苗，花果期在 6—8 月。冬麦区 9—11 月出苗，4—5 月开花结果。种子成熟后落地，休眠 2~3 个月后发芽。温度 10~20℃，土壤含水量 50%~70% 适于种子萌发。

在土深 3~7cm 处出苗最多，3~10cm 能顺利出苗，超过 11cm 出苗受抑制。落地的种子翌年萌发的不超过 50%。其余继续休眠。野燕麦出苗比小麦晚 5~15 天，苗期发育比小麦慢，拔节期生长迅速，后期超过小麦，早抽穗，早落粒。从出穗到开始落粒，历时最短 13 天，最长 30 天，平均 25 天。

野燕麦繁殖能力很强，单株结籽数高达 400~500 粒，个别植株甚至多于 1 000 粒。再生能力也强，割除地上部分后，再发植株的高度、分蘖率、结籽数都超过原植株。种子轻，有茸毛和芒，可以随气流和流水传播，也可随小麦种子、农家肥、农机具传播。

（二）节节麦

【形态特征】禾本科山羊草属一年生草本，又名粗山羊草，分布于陕西、河南、河北、山东、江苏等地，局部为害较重。须根细弱，秆高 20~40cm，丛生，基部弯曲，叶鞘紧密包秆，平滑无毛而边缘有纤毛。叶舌薄膜质，长 0.5~1mm。叶片微粗糙，腹面疏生柔毛。穗状花序圆柱形，含小穗 5~13 枚，长约 10cm（含芒），成熟时逐节脱落。小穗圆柱形，长约 9mm，含 3~5 个小花，颖革质，长 4~6mm，通常具 7~9 脉，先端截平而有 1~2 齿，外稃先端略截平而具长芒，具 5 脉，脉仅在先端显著，第一外稃长约 7mm，内稃与外稃等长，脊上有纤毛。颖果暗黄褐色，无光泽，椭圆形至长楠圆形，先端具密毛，颖果背腹压扁，内、外稃紧贴黏着不易分离。耐干旱，花果期 5—6 月，种子繁殖（图 10-64）。

图 10-64　节节麦

（三）芦苇

【形态特征】禾本科芦苇属多年生高大草本，遍及全国各地生于湿地浅滩、盐碱地，北方低洼地区农田发生普遍。新垦农田为害较重。主要为害小麦、玉米、果树等旱地作物和水稻。具粗壮匍匐的根状茎，黄白色，节间中空，每节生有一芽，节上生须根。秆高 1~3m，分枝，节下通常具白粉。叶鞘圆筒形，无毛或具细毛，叶舌有毛，叶片扁平，长大，光滑或边缘粗糙。圆锥花序顶生，稠密长 10~40cm，棕紫色，微向下垂头，分枝斜上伸展，下部枝腋间具白柔毛。小穗含 4~7 朵花，长 12~16mm。第一花通常为雄性。颖具 3 脉，第一颖短小，第二颖长 6~11mm。外稃窄披针形，具 3 脉，无毛，顶端长渐尖，基盘延长，具丝状柔毛，内稃短，脊粗糙。颖果椭圆形，与内稃和外稃分离（图 10-65）。

图 10-65　芦苇

【发生规律】适生于水湿环境，耐干燥，耐盐碱。以种子、根茎繁殖。4—5 月长苗，8—9 月开花。冬季地上部枯死，以地下根茎越冬。

（四）毒麦

【形态特征】禾本科黑麦草属越年生或一年生草本。株高50~110cm，茎秆直立、丛生，光滑无毛，坚硬不易倒伏。叶鞘轻疏松，长于节间，叶舌长约 2.7mm，膜质截平，叶耳狭窄，叶片长 6~40cm，宽 3~13mm，质地较薄，无毛或微粗。穗状花序长 5~40cm，宽 1~1.5cm，有 8~19 个小穗，互生于穗轴上，穗轴节间长 5~7mm，小穗长 8~9mm，有 4~6 个小花，排成两列小穗轴节间长 1~1.5mm，光滑无毛。小穗第一颖缺，第二颖大，长于小穗，质地较硬，具 5~9 脉，具狭膜质边缘。外稃质地较薄，基盘微小，具 5 脉，顶端膜质透明，第一外稃长 6mm，芒长约 1cm，自外稃顶端稍下方伸出，内稃长约等于外稃，脊上具有微小纤毛。颖果矩圆形，长 4~6mm，宽约 2mm，褐黄色至棕色，宽而厚，背腹略扁，侧面观背面较平直，腹面弓形隆起，腹沟较宽，内稃与颖果紧贴，不易剥落，称为带稃颖果。种子含有毒麦碱、黑麦草碱等毒素，人、畜、禽食用后中毒。毒麦有长芒毒麦和田毒麦两个变种。毒麦小穗含4~6 朵小花，外稃顶端的芒长约 10mm。长芒毒麦小穗含 9~11 个小花，以 9 个为多。外稃顶端的芒长达 10mm 以上，甚至达 2cm。田毒麦每小穗花数 7~8 个，外稃无芒或有短芒（约长 25mm）（图 10-66）。

图 10-66　毒麦

【发生规律】通过种子繁殖，种子经 3~4 个月的休眠期后发芽。以幼苗或种子越冬。在我国中、北部地区，10 月中下旬出苗，较小麦稍晚，但出土后生长迅速，抽穗、成熟比小麦早，一般于翌年 5 月底 6 月初成熟。种子成熟后脱落入土，也容易混入收获物中，通过调种传播。毒麦为我国农业植物检疫性有害生物和进境植物检疫性有害生物，应严格检疫，防止传播。已发生地区需在麦子收割前拔除毒麦，以免混入麦种或落入土中。茎建立无毒麦留种田，获得完全无毒麦的种子。药剂防治可以按防治方法施用禾草灵、甲磺胺磺隆（世玛）、精恶唑禾草灵（骠马）、异丙隆等除草剂。

三、麦田杂草防除方法

麦田除草应贯彻"预防为主，综合防除"的策略，采取简便有效措施，把杂草控制在经济允许水平以下。防除杂草可以采取栽培的、生物的、物理的、化学的以及其他多种措施，但对于现今的麦田除草来说，可以大面积实行的主要为栽培防除措施、人工锄草和化学除草。

（一）栽培防治措施

1. 选种

要精选种子，播种洁净麦种。杂草种子可以夹杂在小麦种子间进入田间，或随麦种调运而远程传播。清除混杂在作物种子中的杂草种子，是一种经济有效的方法。种子公司和良种繁育单位要建立无杂草种子繁育基地，要通过圃选、穗选、粒选，选留纯净种子。在种子加工时或播种前，要根据杂草种子的特点，采取风选、筛选、盐水选、泥水选等方法汰除草籽。对于毒麦等检疫性杂草，更要采取检疫措施，杜绝随麦种调运而人为传播。

2. 轮作

轮作是防止伴生杂草、寄生性杂草的有效措施。北方麦区要改变小麦重茬现象，实行轮作，特别是与水稻轮作，可将田旋花、莎草、刺儿菜和苣荬菜等多年生杂草的地下根茎淹死，除草效果很好。江苏省推广稻麦轮作，麦田改种水稻，连茬种植水稻2年后，基本上控制了麦田杂草的为害。密植作物小麦与玉米、向日葵等中耕作物轮作，可通过中耕来灭除当年生的野燕麦。野燕麦严重地块还可种植绿肥或苜蓿，通过刈割防除野燕麦。小麦也可与油菜、棉花、蔬菜等阔叶作物轮作2~3年。轮作换茬要注意预防长残留除草剂的残留药害。

3. 深翻

深翻对多年生杂草有显著的防除效果，播前整地、播后耙地，苗期中耕可以有效地控制前期杂草。按深翻的季节可分为春翻、伏翻和秋翻。

（1）春翻是指从土壤解冻到春播前一段时间内的耕翻地作业，能有效地消灭越冬杂草和早春出苗的杂草，也将上年散落土表的杂草种子翻埋于土壤深层。春翻深度应适当浅一些，防止把原来埋在土壤深层中的杂草种子翻到地表，以致当年大量发芽出苗。

（2）伏翻是在小麦等夏收作物的茬地，于6—8月进行的耕翻作业。此时气温较高，雨水较多，北方地区杂草均可萌发出苗，南方地区的杂草正在生长季节，伏耕灭草效果好，特别是对多年生以根茎繁殖的芦苇、三棱草和田旋花等，深耕能将其根茎切断翻出地表，经日晒而死亡。西北地区在麦收后耕翻2~3次，南方多进行浅翻、耙地，既灭草保苗，又有利于抢季节播种。

（3）秋翻是指9—10月，在玉米、棉花等秋作物收获后茬地进行的耕翻作业，主要消灭春、夏季出苗的残草、越冬杂草和多年生杂草。在冬麦播前翻耕20~30cm，可将野燕麦籽深埋地下，第二年基本无野燕麦。

4. 中耕

在小麦冬前苗期和早春返青、起身期进行田间中耕，可疏松土壤，提温保墒，既有利于小麦生长，又可除掉一部分杂草。

在推广少耕法的地方，需采用耕作与化学除草相配合的措施控制杂草，否则会造成严重的草害。前茬收获后耙茬，可使杂草种子留在地表浅土层中，增加出苗的机会，在杂草大部分出土后，可通过耕作或化学除草集中防除。

5. 施有机肥

农村常用枯草、植物残体、秸秆、粮油加工的下脚料、畜禽粪便等堆肥沤肥，混有很多杂草种子，农家肥料必须经过50~70℃高温堆沤处理，充分腐熟，杀死杂草种子后，方能还田施用。

6. 早播和合理密植

麦苗可比野燕麦早出苗3~5天，对野燕麦有一定抑制作用。合理密植能提早封行，抑制杂草的生长，达到以密控草的效果。

7. 人工除草

田边、路边、沟边、渠埂的杂草可以通过地下根茎的生长进入田间，还可以通过农事操作、牲畜、风力、灌溉水带入田间，因而须及时清除。农机具，特别是跨区作业的大型机具，可以传带杂草种子，需在作业之后或转场之前进行清理。可在冬前和春季分别进行人工拔草、锄草，是除治小麦禾本科杂草的有效方法。冬前在小麦3叶1心后，春季在小麦起身到拔节期拔除，连拔2~3年即可。

（二）麦田化学除草

化学除草是用化学制剂抑制或杀死杂草的防治方法，用于防除杂草的化学制剂称为除草剂。化学除草省时、省力、效率高。麦田化学除草主要有土壤封闭处理和选择性茎叶处理两种方式。

土壤封闭处理是在播种后出苗前，将药剂均匀施于土壤表层，控制杂草的出苗。土壤封闭处理不能够因草施药，对大粒种子杂草和多年生杂草效果不够好，除草效果受土壤特性影响较大，药效不稳定。选择性茎叶处理是根据田间已出苗的杂草的种类和数量，选择相应的除草剂进行防除，这是当前麦田广泛应用的化学除草方法。

除草剂比杀虫剂、杀菌剂更容易对作物产生药害，除草剂的应用时期受杂草和作物双方发育时期的共同限制，用药的适宜时期较难控制。除草效果受环境条件和用药技术水平的影响较大，作物的不同发育时期或不同品种抗药能力也会有明显差异。为保证除草效果和作物安全，除草剂应用前需进行试验，应用时需严格遵循技术要求，提高施药质量。

长期使用某种除草剂，对该剂敏感的杂草种类被控制，而不敏感杂草和抗药性杂草可能发展起来。例如，推广使用2,4-D丁酯、苯磺隆等防除阔叶杂草的药剂后，不仅野燕麦、雀麦、节节麦、看麦娘等不敏感的禾本科杂草发展起来了，播娘蒿等阔叶杂草对其也产生了抗药性。为防止出现这种局面，要不定期地交替或轮换使用作用机制或杀草谱不同的除草剂品种。

1. 除草剂选择

选择性除草剂都有一定的杀草谱，宽窄不一，要根据当地主要杂草种类选择适宜的有效除草剂。防治禾本科杂草可以选择绿麦隆、异丙隆、精恶唑禾草灵（骠马）、甲磺胺磺隆（世玛）、炔草酯、禾草灵等。但是，不同种类的禾本科杂草对这些除草剂的敏感程度还有差异，除草剂的选择还要进一步细化。以看麦娘、野燕麦为主的田块，就可以选择炔草酯或精恶唑禾草灵进行防除。如若打算兼治阔叶杂草，就可选用绿麦隆或异丙隆。

麦田防除阔叶杂草的除草剂品种主要有2,4-D丁酯、二甲四氯钠、麦草畏（百草敌）、溴苯腈、苯磺隆（巨星）、噻吩磺隆、酰嘧璜隆、苄嘧磺隆、甲磺隆、唑嘧磺草胺、氟草烟（使它隆）、乙羧氟草醚（阔锄）、唑酮草酯、苯达松等，应当根据当地杂草群落选用。为了扩大杀草谱，提高杀草速度和除草效果，常用几种成分混配的方法。例如，36%苯磺·唑草可湿性粉剂（奔腾），含苯磺隆14%、唑草酮22%，用于防治猪殃殃、婆婆纳、麦家公和泽漆等麦田难除阔叶杂草，杀草速度快，效果好。麦田混生禾本科杂草和阔叶杂草时，可以选用适用的单剂，也可以采用复配剂。例如，北方麦田重点防除野燕麦，兼治多种阔叶杂草，可选用甲磺胺磺隆（世玛）或取代脲类除草剂（绿麦隆、异丙隆等）；也可混用苯磺隆（巨星）和精恶唑禾草灵（骠马），或混用野燕枯与2,4-D丁酯等苯氧乙酸类除草剂；还可以配合施用不同的单剂，例如在小麦播种前施用燕麦畏，在小麦苗期喷洒苯磺隆（巨星）、二甲四氯钠、2,4-D丁酯或麦草畏（百草敌）。除草剂常混配使用或制成复配剂使用，其目的除了上述扩大除草范围，提高防除效果以外，还有延长除草的持效期，减少用药次数，提高安全性，降低用药成本，克服杂草抗药性，控制杂草种群变迁等。

2. 施药时期

化学除草要把握最佳施药时期。在黄淮冬麦区，主要有冬前和冬后两个出草高峰。小麦播种5~7天后，杂草开始萌发，30~45天后形成第一个出草高峰，冬后从翌年2月中下旬开始出草，至3月中旬达到高峰。冬前出草量占总量的70%~80%，冬后仅占20%~30%，因而冬前是除草最佳时期。一般说来，在小麦小苗期（3叶期后），杂草敏感期（1~3叶期）使用茎叶处理剂除草效果最好，且此时苗、草都很小，用药量、用水量较少，成本也较低，在小麦拔节后施药，通常只能抑制杂草生长，难以杀死，有些除草剂在拔节后施用还会发生药害。

3. 施药效果的影响因素

除草剂效果受多种因素的影响，应在农技人员指导下，按说明书要求，正确使用除草剂。首先要非常严格地掌握用药量，遵循推荐用药量和用水量，绝不能随意加大用药量。多数除草剂的单位面积用药量很低，要采用二次稀释法配制药液，喷药务要均匀一致，不能重喷和漏喷。而且要使用专用药械，或施药后彻底冲洗药械。施药时的气温影响除草剂的药效。一般说来，除草剂在气温较高时施用，有利于药效的充分发挥，但温度过高，易生药害。通常要在日平均气温10℃以上，晴朗无风的天气施药。各种除草剂的施用温度参见农药说明书，后述"麦田常用除草剂"一节也有所提及。湿度也是影响药效高低的重要因素。苗前施药，若表土层湿度大，可形成严密的药土封杀层，且杂草种子发芽出土快，因而防效高。生长期湿度高，杂草生长旺盛，除草剂吸收和在体内的运转良好，药效发挥快，除草效果好。但有积水的田块，不要用除草剂进行土壤处理，否则易生药害。

4. 药害的产生与防止

除草剂使用不当，会发生药害，包括对小麦的药害，对周边非标靶植物和对下茬作物的药害。靶标作物产生药害的起因有除草剂的种类、剂型选择不当，施药剂量过大，施药不均匀，在作物敏感期施药，2次施药间隔的日数太短，以及除草剂混用不当等。在不良环境条件下施药，例如高温、强烈阳光照射、空气干燥、雨天或露水未干等，也容易发生药害。作物遭受冻害、涝害、旱害或病害后，生机削弱，较健壮植株易受药害。

第十一章 小麦气象灾害及预防措施

第一节 小麦冻害及其预防

冻害是指麦苗在0℃以下低温条件下造成的冻伤或冻死现象。小麦冻害一般发生在小麦越冬期间或早春返青前后。冻害会损害内部器官并破坏其内部生理机能，影响主动运输系统，严重时可以造成死茎、死蘖、死株，不同程度的降低小麦产量和品质。

一、冻害症状

一般来讲，小麦受冻后，叶片如烫伤，叶色变褐，最终干枯死亡。冻伤的麦苗返青慢，长势弱，生育时期推迟，群体质量差，分蘖成穗能力低，结实粒数减少，最后导致减产。为便于掌握冻害发生的情况和田间监测方便，农学上，按小麦受冻后的症状表现将受冻害的麦苗分为四级：一级为轻微冻害，其症状表现为上部2~3片叶的叶尖或不足1/2叶片受冻发黄；二级、三级主要表现为叶片一半以上受冻、枯黄；四级为严重冻害，主要表现为30%以上的主茎和分蘖受冻，已经拔节的，茎秆部分冻裂，幼穗失水萎蔫甚至死亡。

一般初冬冻害及越冬期冻害以冻死部分叶片为主要特征，对小麦产量的影响不大；早春冻害，心叶、幼穗首先受冻，而外部冻害特征一般不太明显，叶片干枯较轻，但降温幅度很大时，也有叶片轻重不同的干枯。受冻轻时表现为麦叶叶尖根绿为黄色，尖部扭曲；晚霜冻害，一般外部症状不明，主要是主茎和大分蘖幼穗受冻，但降温幅度很大、温度很低时也可造成严重干枯。

小麦各个时期的冻害程度与降温幅度和持续时间长短有关，也与小麦品种的冬性强弱和抗冻锻炼的时间长短以及冻害发生时期有关，应重点加强田间管理，培育壮苗，使麦田免受各类冻害危害。

二、冻害的防御措施

小麦低温冻害是复杂的多发性气象灾害，必须树立以基础防御为主，冻害后及时补救的综合防御思想，才能使灾害损失降低到最低程度，才能达到增产增收目的。

（一）选用抗寒抗逆性强的品种

由于小麦品种间抗寒性的差异，发生冻害的年份所造成的损失也有所不同。因此，应选用抗寒抗逆性强的品种。

（二）培育冬前壮苗

壮苗和弱苗相比能提高抗寒力 $2\sim3$℃。培育壮苗需采取综合的农业措施，包括选用适宜品种、适宜的播期与播量、增施有机肥、合理轮作、精细整地、适期晚播、播后镇压等，同时注意要提高播种质量，保证机械行走平稳，播种深浅一致，确保一播全苗。

（三）适当开展麦田镇压

麦田镇压，有多种作用。一是冬季压麦，可以压碎坷垃，压实土壤，弥补裂隙，减少冷所侵入，有利安生越冬。二是镇压可以有效控制麦苗旺长，使大蘖更加粗壮，增加抗寒性和抗旱性，提高植株抗性。三是镇压可以起到提墒作用。对干旱、裂缝大的麦田，早春要先通过镇压提升土壤水分后，还要及时进行划锄，松土保墒。因为麦田锄划松土，可使土壤空气较多，太阳晒时，能使地温升高，而有利于根系发育，培育壮苗。

（四）适时、适量浇水

首先是冬灌。冬灌除能满足小麦生理需水外，还可以踏实土壤、弥补裂隙，减少冷空所侵入，同时，水增加土壤热容量，减少温度变幅，保持土温相对稳定，不仅有利于小麦安全越冬，还能减轻春旱、春寒的不利影响，并且还有冬水春用的作用。冬灌时间应以灌水后"夜冻日消"时为宜。灌水过早，温度高，蒸发失水，浪费大，还有可能引起麦苗徒长，降低抗寒能力；灌水过晚，灌水后地面结冰往往形成结冰壳，导致麦苗窒息死亡。另外，春季寒潮来临前灌水，可有效缓解低温带来的不利影响。

（五）熏烟防霜

熏烟防霜是一种古老的防低温防霜技术，一般可提高地温1~2℃。熏烟防霜主要原理：①减弱烟雾中下垫面土壤的有效辐射；②发烟混合物燃烧时和烟雾形成时可入出的热量。③水汽凝结在烟的吸湿粒子上时释放出的热量。熏烟时间不宜过早或过晚，一般以叶面温度比霜冻指标低1℃时开始，注意统一点火，保证烟幕质量，收到好的效果。目前，此种防低温冻害的方法在生产上应用得不多。

三、麦田冻害补救措施

小麦是具有分蘖特性的作物，遭受低温冻害的麦田不会将全部茎蘖冻死，没有冻死的小麦蘖芽仍然可以分蘖成穗，通过加强管理，仍可获得好的收成。因此，若一旦发生低温冻害，就要及时进行补救。主要补救措施如下。

（一）浇水施肥

小麦受冻害后应立即施速效氮肥并浇水，氮素和水分的耦合作用可以促进中小分蘖成穗，提高分蘖成穗率、弥补主茎损失。

一般每亩追施尿素 10kg 左右。

（二）叶面喷施植物生长调节剂

小麦受冻后，及时叶面喷施植物生长调节剂，对小麦恢复生长具有明显的促进作用，表现为中、小分蘖的迅速生长和潜伏芽的快发，明显增加小麦成穗数和千粒重。

（三）防治病虫害

小麦遭受低温冻害后，抗病能力降低，极易发生病虫为害，应及时喷施杀菌杀虫剂，防治各类病虫为害。

对冻害死亡严重的麦田，应及时改种其他春播作物。

第二节　干热风灾害

干热风也叫"热风""火风""干旱风"等，是中国北方麦区的主要气象灾害。其主要特征是气温高、湿度低、风速大。日最高气温达 30℃ 以上，甚至高达 37~38℃，空气湿度小于 30%，风力大于 2m/s，持续时间 2 天以上。

在中国北方，小麦生长期间受高温及干热风影响的面积占小麦播种面积 71% 左右，为害频率是 10 年 7 遇。其中，高温、低湿和大风三者结合的干热风对小麦产量和品质的影响更为严重。

一、危害症状

正常成熟的小麦是金黄色，表现为麦秆节间黄，节端绿；叶片黄，叶鞘绿；芒尖黄，芒根绿。小麦遭受干热风为害时，植株的外形和内部生理活动都会出现明显异常。干热风对小麦为害的外部症状是芒尖干枯，部分炸芒，颖壳、叶片、叶鞘呈灰色；重干热风对小麦的为害症状是叶片卷曲，植株萎蔫成灰白色，造成枯黄死亡，小麦籽粒皮厚腹沟深而秕瘦。干热风灾害轻者减产 5%~10%，重者减产 10% 以上，严重干热风灾害有时造成减产可达30%以上，而且影响小麦的品质及降低出粉率。

二、干热风的防御措施

干热风是一种气象灾害，但其为害程度与小麦品种、栽培管理措施以及环境条件有关。为此，应因地制宜采取相应的综合防御措施，来缓解和减轻其为害。

（一）选用抗干热风的品种

选用适宜的品种是抗干热风措施的基础，是抗干热风最经济而有效的办法。一般中长秆、长芒和穗下节间长的品种，自身调节能力较强，有利于抵抗和减轻高温和干热风的为害。同时，注重选择综合抗性强、高产稳产的小麦品种，做到早、中、晚熟品种应进行合理安排，使灌浆成熟时间提前或延后，以躲过干热风为害的敏感时间。

（二）健身栽培，培育壮苗

不同小麦品种对外界不良环境具有不同的抗逆能力。植株健壮，对外界不良环境条件有一定的抗性。在选择适宜品种的同时，要注重加强田间管理，培育壮苗，增强小麦抵御不良气候条件的抗性，做到一播全苗、浇好冬水、科学运用春季第一水、加强后期病虫害防治，落实好"一喷三防"技术措施，保根护叶，防虫防病防干热风，提高植株抗性，夺取小麦丰产。

（三）注意做好后期灌水

灌水是防御高温和干热风的紧急措施。灌水能增强土壤和大气中的湿度，以此调节麦田的水热状况，有利于小麦生理活动的正常进行。试验表明麦田后期灌水1次，地表温度可降低4℃左右，小麦株间湿度可增大4%~5%。另外，充足的土壤湿度也可明显缓解和减轻干热风造成的为害。因此，在小麦开花灌浆期做好浇水，但浇水不宜过晚，应在麦收前10~15天停止浇水，注意避免 3 级以上风天，以防止麦田倒伏。

（四）化学调控

在小麦的生育后期或在干热风临来之前，向叶面喷洒叶面肥等药剂，可以改善小麦体内的营养状况和水分状况，调节小麦新陈代谢能力，增强株体活力，加速物质运转，增加植株抗脱水能力，降低蒸腾强度，增加光合作用，提高灌浆速度，增加千粒重，从而提高小麦对高温和干热风的抵抗能力，降低高温和干热风的危害。常见的药剂有磷酸二氢钾、草木灰水、硼、过磷酸钙等。

（五）营造农田防护林

通过在农田周围种植防护林，加强农田林网化建设，可改善农田小气候，减轻干热风为害。林网效应不仅能削弱农田风力、风速，还可以增加林网间的空气湿度，降低气温，从而减轻干热风危害。因此，大搞农田林网建设，对防御干热风有重大意义。

第三节　干旱灾害

在作物生产中，干旱是指长期无降水或降水显著偏少，造成空气干燥、土壤缺水，从而使作物不能正常生长发育，最终导致产量下降甚至绝收的气候现象。

一、隔年深耕，蓄水保墒

采用深耕的方法打破犁底层，加深耕层，疏松土壤厚度，可有效地增加耕后和来年雨季降水的积蓄量。同时，还能扩大根系的吸收范围，增加土壤蓄水容量，提高土壤水分利用率，保证小麦全苗壮苗，降低干旱的影响，相对增强了抗旱能力。

二、农艺保墒

（1）采用深松技术对土壤进行少耕是防止土壤水分损失的一种比较有效的耕作技术。通过减少耕作次数减少土壤水分的损失，保墒效果较好，同时，提高土壤水分利用率。

（2）播前适当的镇压使过松的耕层达到适宜的紧实度，表墒能提高 1%～3%，可有效地提高出苗率。

（3）早春土壤返浆时进行镇压，可以促进土壤下层水分向上移动，起到提墒作用。

（4）早春镇压后或春雨后进行中耕划锄起到很好的保墒作用。中耕一般可提高土壤含水量 2%～3%，而在表层土壤变干后进行镇压，可有效防止土壤水分蒸发，保墒效果好；旱薄地土壤养分匮乏，土壤水分利用率低，在干旱或土墒不足的情况下可借墒播种。

三、增施有机肥，培肥地力

一是增施腐熟有机肥。有机肥养分全、肥效长，增施有机肥可增加土壤肥力和改善团粒结构，以肥调水，增强土壤保水性能，从而保证土壤足够的水分满足小麦生长发育的需要。

二是秸秆还田技术。通过将秸秆粉碎还田，既增加了土壤养分，又改善土壤结构，增加了土壤保水保肥能力，利于小麦根系发育。

四、合理调整作物布局

干旱少雨是北方麦区的主要气候特点。因此要充分利用有限的降水，按照降水规律，合理安排农作物布局，确定种植制度和复种指数。合理轮作和良好前茬是积蓄土壤水分的有效措施。选用抗旱耐旱专用小麦品种，松散株型的品种也可在一定程度上降低土壤水分的地面蒸发，提高土壤水分利用率。

五、人工增雨

春季较旱时，如遇适当的天气条件，利用火箭进行人工增雨作业，缓解旱情。特别是春季在适当条件下实施发射火箭人工增雨，有利缓解旱情。

六、尝试应用抗旱剂等化学措施改善农田水分条件

农业化学抗旱系列产品有抗旱剂、保水剂、土壤结构改良剂、蒸发抑制剂等。采用这些化学措施有利于吸收并保持住土壤中的水分供小麦有效利用。还可减少水分蒸发，减少径流，防止土壤侵蚀，改善土壤结构，提高土壤肥力，提高农田水分利用效率。

第四节　小麦风雹灾害及其预防

小麦风雹灾害是指由于大风和冰雹天气过程造成小麦减产的自然灾害。虽然风与雹通常交加发生造成小麦减产，均发生于小麦生长的中后期，但前者主要是造成小麦倒伏影响光合作用而间接减产，一般面积较大，但很难绝收，不但与风力大小有关，同时与小麦栽培措施、小麦生长发育状况更为相关；后者主要是冰雹砸伤植株、砸落籽粒而造成间接和直接减产，一般面积较小，但严重时绝收，与小麦生长发育状况关系较小，主要取决于雹灾的严重程度。由此可以将小麦风雹灾害分为风灾倒伏和雹灾，以大风为主要原因造成小麦减产的情况称为风灾，以冰雹为主要原因造成小麦减产的情况称为雹灾。同理对小麦倒伏的应对，应当侧重"风险管理"——以栽培技术的预防为主；对冰雹灾害的应对，应当侧重"危机管理"——一旦发生了如何处置。

一、小麦倒伏的预防措施

（1）选用抗倒性强的品种。不同品种的株高、茎秆机械组织发达程度及其韧性有很大差别，根系长势强弱也不相同。因此，在高产区应选用矮秆或半矮秆、机械组织发达、茎秆韧性强、株型紧凑、能形成强大根系的高产抗倒品种。目前在亩产 500kg 左右产量水平下，抗倒性较好的品种有矮抗 58、郑麦 366、新麦 19、温麦、周麦系列品种等。

（2）提高整地质量。整地质量不好是造成根倒伏的原因之一，因此，要大力推广深耕，加深耕层，高产麦田耕层要应达到 25cm 以上。特别是近年来秸秆还田成为种麦整地的常规措施以后，深耕显得更为重要。秸秆还田必须与深耕配套，深耕必须与细耙配套，真正达到秸秆切碎深埋、土壤上虚下实，有利于次生根早发、多发，根系向深层下扎。

（3）采用合理的播种方式。高肥水条件下小麦种植行距应适当放宽，有利于改善田间株间通风透光条件，促其生长健壮，减少春季分蘖，增加次生根数量，提高小麦抗倒能力。高产麦田以 23~25cm 等行距条播为宜，也可以采取宽窄行播种，宽行 26cm、窄行 13cm；或宽行 33cm、窄行 16.5cm 等。每亩播量 6.5kg，随着小麦行距加大，拔节期单株次生根明显增加，产量以 23cm、26cm 等行距较高。

（4）精量播种，确定适宜的基本苗数。为了创造各个时期的合理群体结构，确定合理的基本苗数是基础环节。基本苗过多或过少，都会给以后各个生育时期形成合理的群体结构带来困难。确定基本苗的主要依据是地力水平高低、品种分蘖力强弱、品种穗子大小。一般原则是高产田、分蘖力强的品种、大穗型品种宜适当低一些，而中低产田、分蘖力弱的品种、多穗型品种则宜适当高一些。目前的高产田、大穗、分蘖力强的品种，每亩成穗 45

万左右，单株成穗 3~3.5 个，每亩基本苗应为 12 万~15 万；中产田、多穗型品种，每亩成穗 50 万左右，单株成穗 2.5~3.5 个，每亩基本苗应为 14 万~18 万。随着肥水条件的改善和栽培技术的提高，亩产 500kg 左右的高产麦田，每亩基本苗 8 万~10 万为宜。要保证适宜的基本苗，除上述因素外，还要考虑种子发芽率、整地质量与田间出苗率、播种方式等因素，要采取机械精量播种技术，不但保证基本苗数量适宜，还要求麦苗的田间、行间平面分布要合理。因为播量既定时，不同的行距配置导致每行的麦苗密度不同，而在每行麦苗密度及定时，不同的行距配置导致单位面积的麦苗密度不同。

（5）合理施肥，科学运筹肥水，辅以控旺措施。增施有机肥、氮磷钾配方施肥，使小麦所需营养养分合理、生长健壮，对预防小麦倒伏有重要作用；对长势正常的麦田，以及越冬前群体偏大、长势偏旺的麦田，特别是播种晚、底肥足、基本苗多的晚播麦田，冬季和返青期均应控制肥水，以免返青后滋生大量春蘖，群体过大。对起身、拔节期群体偏大、两极分化慢、叶色深绿发亮、叶片宽大、有倒伏危险的麦田，要采取深锄断根、推迟肥水等措施加以控制，待到拔节末期后，即第一节间基本定型时再施肥浇水。这样既保证了足够的穗数，又有利于加速两极分化，促进大蘖生长，成大穗，增加穗粒数。这些"偏旺"类型的麦田，是"氮肥后移、春水后移"技术的主要推广范围。小麦抽穗以后的灌水，要控制灌水次数，且不能过晚。灌水时应选择无风天气和掌握水量，浇后不使地面积水。尤其是土壤过于干旱的麦田，灌水更应该控制水量，以防水量过大，土壤形成泥浆，招致根倒伏；并影响土壤通气条件，降低根系活力，促使早衰，降低粒重。

（6）搞好病虫害防治。目前特别要注意在冬季和早春，对小麦纹枯病进行及早防治，保证小麦健壮生长，对预防小麦中后期倒伏非常重要。

二、小麦发生倒伏后的应对措施

每年生产上小麦发生倒伏总是难免的，如果小麦发生了倒伏，一是不要采取人工"扶起来"的办法，让小麦依靠自身的背地曲性恢复生长，人工把倒伏植株"捆绑扶起来"，容易造成小麦茎折或根断而及早死亡。二是注意收割环节尽量减少损失，特别是临成熟前发生的倒伏，最好不采取机收而采取人工收割，以免造成籽粒丢失太多；如果要采取机械收获，收割机要逆倒伏方向行进，并配合人工整理后收获。

三、小麦冰雹灾害

冰雹俗称雹子、冷子，小的如绿豆、黄豆，大的似栗子、鸡蛋。冰雹灾害是由强对流天气系统引起的一种剧烈的气象灾害，本质上它是由积雨云形成、降落的一种固态降水。小麦雹灾是小麦生长期间遭遇冰雹袭击而造成小麦减产的一种气候性灾害。

突遭冰雹袭击级，最大冰雹直径 2cm，持续时间 5~10min，成熟待割的麦田，麦穗大部分被打落在地，严重地块颗粒无收。

小麦冰雹灾害，目前还难以预防，关键是怎样做好冰雹灾害发生后的处置。要根据冰雹发生的早晚、小麦被砸程度、采取补救措施的经济价值，指导群众如何采取补救措施，或在什么样的情况下放弃管理。

对于 I 级轻度小麦雹灾麦田，要及时进行灾后补救，减少产量损失。雹灾一般都伴随大风倒伏，这类麦田可以采取的补救措施有 4 条。一是倒伏植株不要人工绑扶，让其自然生长。二是及时浇水，同时追施适量速效化肥，强化营养，促进植株尽快恢复生长。三是叶面喷洒营养类叶面肥，补充营养，促其生长。四是注意病虫害防治，即使前期喷洒了农药，也要结合喷洒叶面肥加喷杀菌剂，因为植株产生伤口后更容易遭受病菌浸染。

对于Ⅱ级中度小麦雹灾麦田，也要及时进行灾后补救，不要毁种，采取与Ⅰ级雹灾同样的补救措施，每亩还可以收获 100～300kg 的产量。收获时尽量不用机械收获，采取人工收割，减少籽粒脱落。

对于Ⅲ级重度小麦雹灾麦田，预计每亩至多能收获 100kg 以下产量、甚至绝收时，可以采取两种处理办法。一是改种早春作物，如春棉、春红薯、春玉米、春季蔬菜等；二是不宜、不能改种其他作物时，可以不毁种，顺其自然，能收多少是多少，因为再追肥、喷药已没有经济价值。

凡是没有绝收的雹灾麦田，尽量做到人工分期收获。雹灾后小麦生长参差不齐，成熟期很不一致，群众称为"老少三辈"，人工分期收获，成熟一批收获一批，一方面能减少落粒，另一方面能够使多数籽粒正常成熟。

从生产角度对小麦冰雹灾害的预防对策，主要包括两个方面。一是加强对冰雹活动的监测跟踪和预报，尽可能提高预报时效，并立即通过地方媒体发布"冰雹警报"，使群众采取抢收措施，以最大限度地减轻灾害损失。二是建立人工防雹系统，目前常用的方法是用火箭、高炮或飞机把碘化银、碘化铅、干冰等催化剂送到云里去，抑制雹胚增长，促其变雨或冰雹变小。

第五节　小麦渍害及其防治

渍害是稻茬小麦生产中最常见的灾害，生产上发生频率比较大，为害较重。做好渍害的防治工作，是夺取稻茬小麦高产稳产的重要措施。

麦田渍害的形成，根本原因是耕作层土壤水分含量过多，根系长期缺氧造成的为害。因此，防治的中心是降低耕作层土壤含水量，增强土壤透气性，一切有利于排除地面水，降低地下水，减少潜层水，促使土壤水气协调的做法都是防治小麦渍害的有效措施。

一、田间建好排水系统

要在较短时间内排除麦田内过多的地面水、潜层水、地下水，必须在田间建起排泄流畅的排水系统。近年来我国对黄淮地区农田水利建设投入力度较大，各地应抓住机遇，根据自身特点，因地制宜，统一规划，因势利导，既要建成能排除田间积水的干、支、斗渠，又要健全河网系统工程，综合治理，达到内河水位能控制得住，田间水挡得住，田内水排得快的目标。

二、田内开好"三沟"

在田间排水系统健全的基础上，整地播种阶段要做好田内"三沟"（厢沟、腰沟、围沟）的开挖工作，做到深沟高厢，"三沟"相联配套，沟渠相通，利于排除"三水"。起沟的方式要因地制宜，本着厢沟浅、围沟深的原则，一般"三沟"宽 40cm，厢沟深 25cn，腰沟深 30cm，围沟深 35cm。地下水位高的麦田"三沟"深度要相应增加。厢沟的多少及厢宽要本着有利于排涝和提高土地利用率的原则来确定，低洼易涝田及山区冲田厢宽 4m，平畈稻田 5m，河湾地和旱地 6.7m，岗地 8.3m，尽量使土地利用率稻茬麦田达到 90% 以上，旱地达到 95% 以上。

为了提高播种质量保证全苗，一般先起沟后播种，播种后及时清沟。如果播种后起沟，沟土要及时撒开，以防覆土过厚影响出苗。出苗以后，在降雨或农事操作后及时清理田沟，保证沟内无积泥积水，沟沟相通，明水（地面水）能排，暗渍（潜层水、地下水）自落。保持适宜的墒情，使土壤含水量达 20%～22%，同时能有效降低田间大气的相对湿度，减轻病害发生，促进小麦正常生长。

三、改善土壤环境

（一）熟化土壤

前茬作物应以早熟品种为主，收割后要及时翻耕晒垡，切断土壤毛细管，阻止地下水向上输送，增加土壤透气性，为微生物繁殖生长创造良好的环境，促进土壤熟化。有条件的地方夏作物可实行水旱轮作，如水稻改种旱地作物，达到改土培肥、改善土壤环境的目的，减轻或消除渍害。

（二）适度深耕

深耕能破除坚实的犁底层，促进耕作层水分下渗，降低潜层水，加厚活土层，扩大作物根系的生长范围。深耕应掌握熟土在上、生土在下、不乱土层的原则，做到逐年加深，一般使耕作层深度达到 23～33cm。严防滥耕滥耙，破坏土壤结构，并且与施肥、排水、精耕细作、平整土地相结合，有利于提高小麦播种质量。

（三）增施有机肥和磷肥

坚持有机肥和无机肥配合施用，一般在深翻时结合分层施肥，施有机肥 22 500kg/hm²，磷肥 225kg/hm²，上层施细肥，下层施粗肥。一年后土壤容重降低 9%，土壤粗孔隙增加 1.1%～1.2%，改善土壤通透性，加快雨水渗透速度，协调土壤水气状况，促进小麦根系深扎，能有效防止小麦渍害。

（四）中耕松土

稻茬麦田土质黏重板结，地下水容易向上移动，田间湿度大，苗期容易形成僵苗渍害。降雨后，在排除田间明水的基础上，应及时中耕松土，切断土壤毛细管，阻止地下水向上渗透，改善土壤透气性，促进土壤风化和微生物活动，调节土壤墒情，促进根系发育。

四、选用耐湿性较强的品种

试验研究表明，小麦品种间耐湿性差异较大，有些品种在土壤水分过多，氧气不足时，根系仍能正常生长，表现出对缺氧有较强的忍耐能力或对氧气需求量较少；有些品种在缺氧老根衰亡时，容易萌发较多的新根，能很快恢复正常生长；有些品种根系长期处于还原物质的毒害之下仍有较强的活力，表现出较强的耐湿性。因此，选用耐湿性较强的品种，增强小麦本身的抗湿性能，是防御渍害的有效措施。生产上应选用被省或国家审定、适于耐湿性种植的小麦品种。

第十二章　小麦收获贮藏与秸秆处理

第一节　小麦产量预测

小麦产量预测是收获前在田间选取一定面积有代表性的样点，查明三个产量构成因素，以初步估算小麦单位面积产量的一种方法。产量预测是制订收获计划的基础，也是总结小麦生产经验不可缺少的依据。如果有必要的话，还要取样进行室内考种考株。

1. 工具设备

皮尺、钢卷尺、铁锹（或土铲）、感量 0.01g 天平、游标卡尺等。

2. 内容方法

小麦产量预测的时间宜在蜡熟中期后进行。如果测产任务大可提前开始，但应在籽粒灌浆达到能数出粒数时为宜。产量预测的一般方法和步骤如下。

（1）全面踏测。全面踏测全田小麦生长情况，以便纵观全田，对样点做出大体布局。出现倒伏时，要正确目测或实际测量倒伏面积所占的比例，以使测产样点中倒伏点的比例符合实际。

（2）布点。布点数可根据全面踏测情况确定。可根据地力均匀程度、生长整齐情况、面积大小及人力多少灵活增减。小面积生长一致的麦田可采用对角线大五点法。大面积生长一致时可采用棋盘式布点法。生长不一致时要先按生长情况划分为几类，尔后在不同类型麦田里分别取点测定产量。样点不要选边行、地头及过稀过密的地段。

（3）调查单位面积穗数和穗粒数。穗数和穗粒数调查的布点，除了按上述原则外，对于在生育期间进行了生育调查的地块和试验小区，可以采用定点和不定点结合进行。即除了在调查基本苗、总茎数的点上调查外，每块地应随机再取 3 个以上的点进行调查。

调查时按调查基本苗、总茎数的方法，每样点取 1m 长双行，先计数样点上的穗数，然后在样点中随机抓取 20 穗，计数各穗上的籽粒总数。全田的穗数和穗粒数可用下式计算：

$$穗数（万/亩）= \frac{各样点穗数之和}{样点数×平均行距（寸^*）}$$

$$每穗粒数 = \frac{各样点总粒数之和}{样点数×每点取样穗数}$$

（4）千粒重的确定。如果在蜡熟末期测产，可以在调查穗数和穗粒数的同时，每点随机取 5~10 穗，分别或混合装入纸袋，带回室内分别或混合脱粒、晒干、称重并计数总粒数，可以计算出千粒重。如果测产时间较早，或者急需知道测产结果，可以根据以前历年该品种千粒重，再根据当年灌浆期间条件和目测情况略加修正，求得近似千粒重。但在总结生产经验或科研结果时，则必须以实测千粒重为准。

（5）产量计算。取得亩穗数、每穗粒数和千粒重以后，即可计算出亩产量。

$$产量（kg/亩）= \frac{穗数（个/亩）×穗粒数（个）×千粒重（g）}{1\ 000（粒）×1\ 000（g/kg）}$$

---

* 1 寸 ≈ 3.33cm，全书同

第二节　适时收获与秸秆处理

一、适时收获

据试验，千粒重以蜡熟末期为最高，是收获的最佳期。收获越晚，由于籽粒呼吸消耗，千粒重下降。据研究，推迟收获6天，千粒重可减少 0.72~1.49g，小麦到完熟期收获，除易落粒折穗造成减产外，仅千粒重下降就可减产5%左右。小麦适宜收获期很短，因此，必须提早做人力、物力、机具等多方面准备，力争在最短的时间内迅速完成收割任务，以防遇雨麦穗发芽。

二、秸秆处理方式及与下茬作物的衔接

预处理就是去掉其中的水分。以产量最大的麦、稻秸秆来说，有些地方只种一季，且收割期气候少雨，那么可以在地里干燥到含水率低于25%后再收，这样的秸秆很受欢迎，不管是做饲料还是秸秆煤，都很好处理，下面是一些具体用途。

1. 发电

发电目前在国内已有很多机组，1度电可以获得政府 0.2~0.4元的补贴，发电通常采用直燃发电，就是秸秆打包后直接燃烧，还有一种是预压制成型，通过压制将秸秆制成能量密度比较高的燃料，之后进行燃烧。生物质发电目前在国内主要的问题是秸秆收购难，成本太高。

2. 造纸

农村有定点收集加工的点，以散户收集运输的方式层层集中，最后运输至造纸厂，做好了中间的利润比想的要高，但脏乱累。

3. 饲料

专业的词语叫黄贮，是相对于青贮而言的一种秸秆饲料发酵

办法。利用干秸秆做原料，通过添加适量水和生物菌剂，压捆以后再袋装储存的一种技术。

4. 焚烧发电

同样收集回收，通过集中后运输至政府补贴的发电厂发电，基本亏损发电，部分秸秆中有泥土，焚烧对炉子损伤大。

5. 产沼气

一是农村利用沼气池的方式。二是利用高效产甲烷菌，粉碎秸秆发酵，产生沼气。

6. 肥料

田间粉碎填埋待沤烂后作为有机肥料，与木屑类似，可以用作平菇、香菇等种植肥料。

7. 焚烧

目前流行的说法如生物质燃料，以秸秆等压块成型，比较硬，像胶合板一样，送入焚烧炉焚烧。根据实际应用看，一方面热值低，另一方面污染也没有想象得低，且与天热气相比，成本也不菲。

8. 保暖材料装饰品等

保暖材料，就是大棚蔬菜上面的草苫，冬天晚上罩在大棚上面，隔热保温。现在还出了很多小麦秸秆餐具等。

秋天机收玉米后留下的玉米秸碎屑（有的并不碎）影响小麦播种质量，要是用深耕犁把它翻入底下效果能好些，可使用的全部是旋耕犁，或晒干后焚烧，使小麦不受影响。

第三节　安全贮藏

一、贮藏特性

（1）小麦的后熟期易发热变质。小麦有1~3个月的后熟期，小麦收获正值高温季节，后熟期间高温、多雨，空气湿度大，种子呼吸旺盛，易发生吸湿回潮，引起发热、霉变。

（2）耐热性强。没有完成后熟的种子耐热性较强，含水量17%以下的小麦种子，暴晒温度如不超过 54℃，不会降低发芽率；但通过后熟的种子，其抗热性降低，忌用高温处理。

（3）吸湿性强，易生虫。小麦果种皮较薄，组织松软，含有大量亲水物质，极易吸湿和感染仓虫，最终引起霉变，使种子丧失生活力。

（4）呼吸强度大。

二、贮藏方法

（1）籽粒清选和干燥。刚刚收获的小麦混杂物多，包括植物碎片、秕壳、小石块、虫尸、杂草种子等。这些杂物一般带菌量多、易吸湿，阻碍粮堆空气交流，影响热扩散，如不进行清选，极易恶化贮藏条件，引起小麦变质。

干燥是贮藏的关键措施和基本环节。经过干燥的籽粒代谢缓慢，可延长贮藏时间，保证贮藏质量。种子干燥的方法可分为自然干燥和人工机械干燥两类。前者是利用日光暴晒、通风、摊晾等方法降低籽粒水分，后者是采用干燥机械内所通过的热空气的作用以降低籽粒水分。

采用自然干燥法晾晒时，摊晒厚度不宜超过 5cm，要勤翻动，以促使籽粒增加与日光和干燥空气的接触面，提高干燥速度和效果。当麦粒含水量降到 12%以下时，即可收贮。

（2）入库存放。商品粮小麦可采用散装入库存放，种用小麦量大且贮藏时间长可用散装贮藏，如果品种多或种子量小则要采取包装后贮藏的方法。

农户一般贮藏量少，贮藏小麦时最好采用热进仓贮藏法。选择晴朗天气，将小麦进行暴晒，使籽粒温度达 46℃以上，不可超过 52℃，然后迅速入库堆放，面层加覆盖物保温，再关闭门窗即可。采用此法要注意：掌握小麦休眠特性，一般未通过休眠的种子耐热性强，可采用此法。种子含水量要在 10.5%~11.5%，且做好密闭保温工作，使热处理时间保持种温在 44~47℃，保持7~10 天。之后要散热降温，以达到既不影响种子活力，又能达到杀虫的效果。

主要参考文献

冀保毅 . 2016. 小麦规模化生产与决策［M］. 北京：中国农业科学技术出版社 .

王法宏，等 . 2014. 小麦良种选择与丰产栽培技术［M］. 北京：化学工业出版社 .